受益一生的哈佛情商课

尚波 /编著

天津出版传媒集团

天津科学技术出版社

图书在版编目（CIP）数据

受益一生的哈佛情商课 / 尚波编著 . -- 天津：天津科学技术出版社，2018.4
 ISBN 978-7-5576-4839-8

Ⅰ . ①受… Ⅱ . ①尚… Ⅲ . ①情商—通俗读物 Ⅳ .
① B842.6-49

中国版本图书馆 CIP 数据核字（2018）第 040087 号

责任编辑：刘丽燕
责任印制：兰　毅

天津出版传媒集团
天津科学技术出版社　出版

出版人：蔡　颢
天津市西康路 35 号　　　邮编 300051
电话（022）23332490
网址：www.tjkjcbs.com.cn
新华书店经销
北京鑫海达印刷有限公司印刷

开本 880×1 230　1/32　印张 8　字数 200 000
2018 年 4 月第 1 版第 1 次印刷
定价：32.00 元

前言 preface

　　哈佛大学是一座拥有三百多年历史的著名学府，是世界各国学子们梦想的殿堂，哈佛在人们心中已经成为成功的标志。数百年来，这所万人景仰的学府培养出了各个领域的高情商名人。一张哈佛的文凭，之所以成为地位与金钱的保证，也是与哈佛独特的情商教育分不开的。考入哈佛大学，亲自去学习这些方法，是多少学子梦寐以求的事情，然而，能真正走进哈佛大学的人毕竟是极少数，大多数人难以如愿以偿。为了帮助莘莘学子及广大渴望有所成就、有所作为的读者不进哈佛也一样能聆听到它在培养学生情商方面的精彩课程，学到百年哈佛的成功智慧，我们编写了这部《受益一生的哈佛情商课》。

　　1991年耶鲁大学心理学家彼得·塞拉维和新罕布什尔大学的琼·梅耶首创EQ（情商）一词。1995年美国哈佛大学教授、著名心理学家丹尼尔·戈尔曼出版《情绪智力》一书，将情商推向高潮。EQ在美国掀起轩然大波，并逐渐风靡全世界。丹尼尔·戈尔曼曾说:"使一个人成功的要素中,智商作用只占20%,而情商作用却占80%。"大量的事实证明,情商是一个人获得成功的关键,而高情商者可以充分发挥潜能、有效调节情绪,可以与周围的人和环境保持良好的亲近度,因此会获得更多的机遇,从而提前实现自己的梦想。

情商不仅仅是开启心智大门的钥匙,更是影响个人命运的关键因素。一个人成功与否,受很多因素的影响,如教育程度、智商、人生观、价值观,等等。要做出明智的决定、采取最合理的行动、正确应对变化并最终取得成功,情商不但是必要的,而且是至关重要的。

"情商"是一种洞察人生价值、揭示人生目标的悟性,是一种克服内心矛盾冲突、协调人际关系的技巧,是一种生活智慧。所以,我们有理由说:高情商的人比高智商的人更容易获得成功。

然而,不同于智商,情商不是与生俱来的,高情商可以通过后天努力创造出来。提高情商的过程,其实就是一种自我丰富、自我认知的过程。本书就是一部有关如何发掘情感潜能和如何运用情感能力来影响生活的书,它以哈佛大学在情商方面的成功理念、培养方法和教学案例为基础,通过哈佛及国外的大量经典实例,从多方面系统而深入地阐述了情商的相关理论,提出了很多可以帮助读者提高情商的具体措施,让读者在轻松的阅读中,犹如徜徉在哈佛大学的文化殿堂,切身感受到情商带给自己的深刻体悟与巨大能量,走出对幸福和成功的迷思,获得完美的人生指导,从而更好地驾驭自己的情绪,把握自己的命运,成就美好的未来。

目录 CONTENTS

第一篇 情商——成功人生的核心实力

PART1 踏上情商之旅 / 2

哈佛最重要的一课：情商 / 2

情商是"命运的使者" / 5

情商让你不抱怨 / 8

情商是一种"综合软技能" / 10

PART2 智商决定录用，情商决定提升 / 14

智商的"成名史" / 14

真正带给我们快乐的是智慧，不是知识 / 16

情商与智商：人生的左臂右膀 / 19

实力是成功的通行证 / 21

智商诚可贵，情商"价"更高 / 24

PART3 情绪智商激活无限潜能 / 26

你挖到自己的潜能宝藏了吗 / 26

登陆自己的"新大陆" / 29
精神激励，激活内在潜能 / 30
外力开发你的潜力 / 34
思考掀起你的头脑风暴 / 36
创造是智慧的引子 / 39

第二篇 了解自我——迈向成功的第一步

PART1 解救被情绪绑架的理性 / 44
换个视角看人生 / 44
情绪产生的原因及种类 / 46
控制自我是高情商的体现 / 49
情绪发电机 / 52
忙碌让你忘记痛苦 / 53

PART2 敢于认识你自己 / 56
看清镜子里的你 / 56
描绘自己的心灵地图 / 58
自知之明让你情商更高 / 60
出色源于本色 / 62
认清自己的真面目 / 64

PART3 接纳真实的自我 / 68

最优秀的人其实就是你自己 / 68

你是上帝"咬过的苹果" / 71

优点是靠自己发现的 / 72

你是独一无二的 / 75

了解自己的不足 / 77

不要太在乎别人对你的看法 / 80

第三篇 管理自我——成就人生的关键

PART1 先接受情绪，再管理情绪 / 84

踢走"负面情绪"这个绊脚石 / 84

控制冲动这个"魔鬼" / 86

为情绪找一个出口 / 89

愤怒是一种毒药 / 92

好情绪是心灵的特效良药 / 95

甩掉忧虑的包袱 / 98

PART2 管理自我应具备的几种心态 / 101

希望：给自己种下"希望的种子" / 101

乐观：悲观者的天敌 / 103

幽默：情绪的开心果 / 107

感恩：是一种生活态度 / 112

包容：海纳百川的度量 / 115

真诚：真正的快乐 / 118

热情：激情的种子 / 120

PART3 培养有益生活的情商 / 123

培养正直 / 123

培养独立性格 / 126

培养责任感 / 128

培养勇气 / 132

第四篇 激励自我——创造完美人生

PART1 脚踏实地的梦想家 / 136

设计自己的蓝图，将目标实现 / 136

锁定目标，坚定信仰 / 137

有方向要坚定，没方向要试行 / 139

苦难是信念的试金石 / 141

PART2 调整心态，成功在望 / 144

执著与固执只在一念之间 / 144

随时给自己减压，人生才能轻松 / 145

挫折可以为你增值 / 147

勤奋，是成功的资本 / 149

好心态，好人生 / 151

PART3 积极而理性地去行动 / 153

心动不如行动 / 153

没有天降馅饼的事儿 / 154

机会只偏爱有准备的头脑 / 156

机遇面前切莫迟疑 / 158

有一个超越自己的心 / 159

马上行动，才能改变现实 / 160

人生最大的挑战就是"自己" / 162

做一个激情四射的人 / 164

第五篇 了解他人——多渠道沟通减少误解

PART1 了解别人的第一步：移情 / 168

识有人术，首要移情 / 168

沟通有技巧，情商帮你忙 / 169

站在对方的角度看问题 / 171

PART2 懂得倾听，做一个忠实的听众 / 174

"倾听"是心灵的守护者 / 174

善于倾听的人是智者 / 176

倾听不同声音 / 177

PART3 破解对方的身体语言 / 180

　　身体语言之表情语言 / 180

　　身体语言之手语 / 182

　　身体语言之眼神 / 184

　　谈判中的身体语言 / 187

PART4 从性格看人心 / 190

　　你不可不知的性格 / 190

　　色彩心理学的历史 / 194

　　红色性格：最有朝气的天使 / 201

　　黄色性格：奋斗的使者 / 204

　　绿色性格：社交中的"老好人" / 207

第六篇 影响他人——构建完美的人际关系

PART1 影响力：永不贬值的实力 / 212

　　阿拉贡的幽灵大军 / 212

　　情商与影响力 / 213

　　传递给别人积极的情绪 / 215

　　坚持互惠的原则 / 216

　　对比影响力 / 219

PART2 与周围的人保持适度距离 / 222

  让别人喜欢你 / 222

  吸引力法则 / 224

  微笑,心灵的召唤 / 227

  赞美的影响力 / 230

PART3 展现你的自信 / 233

  自信的人才有魅力 / 233

  机会是靠自信抓住的 / 235

  自信源于积极的心理暗示 / 238

  自信是成功的秘诀 / 238

  让自信成为一种习惯 / 239

第一篇
情商——成功人生的核心实力

智力对于科学发现并没有什么用。
——阿尔伯特·爱因斯坦

PART1 踏上情商之旅

哈佛最重要的一课：情商

1990年，一个新的心理学概念的提出在世界范围内掀起了一场人类智能的革命，并引起了人们旷日持久的讨论，这就是美国心理学家彼得·萨洛维和约翰·梅耶提出的情商概念。1995年10月，哈佛大学心理学博士、美国《纽约时报》的专栏作家丹尼尔·戈尔曼出版了《情感智商》一书，把情感智商这一研究成果介绍给大众，该书也迅速成为世界范围内的畅销书。

丹尼尔·戈尔曼说："成功是一个自我实现的过程，如果你控制了情绪，便控制了人生；认识了自我，就成功了一半。"这句话影响着一代又一代的哈佛人，如果你拥有了高情商，那么你就可以让心中时时充满绿意。

随着人类对自身能力认识的深入，越来越多的人开始认识到在激烈的现代竞争中，情商的高低已经成为了人生成败的关键。作为掌握情商知识的受益者，美国总统布什说："你能调动情绪，就能调动一切！"

不知大家有没有注意到：有些人物质生活虽然不富有，但是看起来幸福满足，生活中充满了欢笑和友谊；而那些相对富有的人却经常在抱怨生活的不公，总在花大把的时间跟每个人倾诉：为什么他们的处境这样不好。

学术、事业和物质生活的成功一定是幸福所必需的吗？一个人有多成功和一个人到底有多幸福，二者之间的矛盾我们应该怎么来解释？答案就是情商——一种了解和控制自身和他人情绪能力。有了它你就可以把握说话做事的分寸，去促成想看到的结果。那么什么是情商呢？

"情商"是"Emotional Quotient"的缩写，翻译过来就是情绪智慧。但这样的答案显然过于简略，要想更深入地认识情商，就有必要了解情商与智商的关系，因为在某种程度上，情商概念是作为智商的对立面提出的。戈尔曼在他的书中明确指出，情商不同于智商，它不是天生注定的，而是由下列5种可以学习的能力组成的：

◇了解自己情绪的能力——能立刻察觉自己的情绪，了解情绪产生的原因。

◇控制自己情绪的能力——能够安抚自己，摆脱强烈的焦虑、忧郁以及控制负面情绪的根源。

◇激励自己的能力——能够整顿情绪，让自己朝着一定的目标努力，增强注意力与创造力。

◇了解别人情绪的能力——理解别人的感觉，察觉别人的真正需要，具有同情心。

◇维系融洽人际关系的能力——能够理解并适应别人的情绪。

心理学家认为，这些对情绪的把握能力是生活的动力，可以让我们的智商发挥更大的效应。所以，情商是影响个人健康、情感、人生成功及人际关系的重要因素。

情商的培养有利于你作出正确的选择，主导生活的各个领域。简单说，情商就是与自我，与他人和谐相处的能力，它更需要人们学会如何处理情绪：

◇辨认情绪：情绪携带着数据信息，向我们暗示了身边正在发生的重要事件。我们需要准确地辨认自己和他人的情绪，来更好地传达自我的情绪，从而有效地与他人交流。

◇运用情绪：感受的方式影响着思考的方式和内容。遇到重要的事情，情商确保我们在必要的时候及时采取行动，合理地运用思维来解决问题。

◇理解情绪：情绪不是随意性的。它们有潜在的诱发因素，一旦理解了这些情绪，就能更好地了解周围正在发生和即将发生的事情。

◇管理情绪：情绪传达着信息，影响着思维，所以我们需要巧妙地把理智与情感结合，才能更好地解决问题。不管它们受不受欢迎，我们都要张开双臂去选择、去接受积极情绪所促成的策略。

《牛津英语词典》上说："情绪是心灵、感觉、情感的激动或骚动，泛指任何激动或兴奋的心理状态。"简单来说，情绪是一个人对所接触到的世界和人的态度以及相应的行为反应，也就是快乐、生气、悲伤等心情，它不只会影响我们的想法和决定，更会激起一连串的生理反应。

情商是一种能力，是一种准确觉察、评价和表达情绪的能力；一种接近并产生感情，以促进思维的能力；一种调节情绪，以帮助情绪和智力发展的能力。这种能力的运用其实是一门艺术。

人的情绪体验是无时无处不在进行的，相信我们每个人都有过莫名其妙被某种情绪侵袭的经历。这些情绪体验既包括积极的情绪体验，也包括消极的情绪体验。并不是所有的情绪都是对人的行为有利的，所以，认识情绪，进而管理情绪，成为我们必须正视的课题，也是哈佛最重要的一课。

情商是"命运的使者"

情商是人在进化中发展出来的技能。正是因为有了情商，人才能够在进化中逐步胜出，最终成为地球上的统治者。无数事例证实：情商就是一种情绪管理的能力。情商高，代表着情绪管理的能力强，人际关系和社会适应力也比较好。反过来说，情商低，就代表一个人常常会陷入大悲大喜的情况，并且因为这种巨

大的情绪起伏而最终一事无成。情商低的人相对地人际关系很容易紧张，社会适应力也较差。

美国一位来自伊利诺伊州的议员康农在初上任时就受到了另一位代表的嘲笑："这位从伊利诺伊州来的先生口袋里恐怕还装着燕麦呢！"

这句话的意思是讽刺他身上还有着农夫的气息。虽然这种嘲笑使他非常难堪，但他自己也确实如此。这时康农并没有让自己的情绪失控，而是从容不迫地答道："我不仅在口袋里装有燕麦，而且头发里还藏着草屑。我是西部人，难免有些乡村气，可是我们的燕麦和草屑，能生长出最好的苗来。"

康农没有恼羞成怒，而是很好地控制了自己的情绪，并且就对方的话"顺水推舟"，做了绝妙的回答，不仅自身没有受到损失，反而闻名于全国，被人们恭敬地称为"伊利诺伊州最好的草屑议员"。

这位议员无疑是一个高情商者：对于讽刺和攻击他的语言，他没有愤怒，而是及时控制住自己的情绪，用高情商化解了矛盾与尴尬。情商不仅仅是管理自我情绪，也管理他人情绪。

哈佛学者一直认为，情商是一种管理情绪的艺术，如果你要快乐幸福地生活，你就要学会了解和管理自己的情绪，这也是提

高你情商的方法。掌握并认真利用好这门艺术,将会令你受益一生。

丹尼尔·戈尔曼宣称:"婚姻、家庭关系,尤其是职业生涯,凡此种种人生大事的成功与否,均取决于情商的高低。"一份有关调查报告披露,在贝尔实验室,顶尖人物并非是那些智商超群的名牌大学毕业生。相反,一些智商平平但情商甚高的研究员往往凭借其丰硕的科研业绩成为明星。其中的奥妙在于,情商高的人更能适应激烈的社会竞争。

多年以来,人们一直以为高智商就意味着高成就,其实,人一生的成就至多只有20%归功于智商,另外80%则受情商的影响。所谓20%与80%并不是一个绝对的比例,它只是表明情商在人生成就中起着决定性的作用。尽管智商的作用不可或缺,但过去我们把它的作用估量得太高了。

为此,心理学家霍华德·加嘉纳说:"一个人最后在社会上占据什么位置,绝

大部分取决于非智力因素。"许多资料显示,情商较高的人在人生各个领域都占尽优势,无论是谈恋爱、人际关系,还是在主宰个人命运等方面,其成功的几率都比较大。

哈佛学者都深知一个道理,那就是情商在引领他们走向卓越,超越平庸。智商对于绝大多数的人来说是差不多的,而后天的情商教育与情商培养则可以改变我们的生命轨迹。当你相信情商的力量时,情商就会带给你意想不到的奇迹。

情商让你不抱怨

抱怨是低情商的表现,人在面临困境的时候,不要抱怨命运。因为抱怨不但会让自己内心痛苦不堪,而且在怨天尤人的愤怒情绪中,只会把事情搞得越来越糟,再次错过解决问题的机会。抱怨除了使自己对待他人的态度很恶劣以外,还会令自己一事无成。

哈佛学者说:"有所作为是生活中的最高境界。而抱怨则是无所作为,是逃避责任,是放弃义务,是自甘沉沦。"不管我们遇到了什么境况,喋喋不休地抱怨注定于事无补,甚至还会把事情弄得更糟。

停止你的抱怨吧!让烦躁的心情平静下来。你所埋怨的根本原因就在你自身。你抱怨的行为本身,正说明你倒霉的处境是咎由自取。喜欢抱怨的人在世上是没有立足之地的,而烦恼忧愁更是心灵的杀手。缺少良好的心态,就如同收紧了身上的锁链,将自己紧紧束缚在黑暗之中,只有把抱怨赶走的人,才有获得成功的机会。

威尔·鲍温曾经接受一家电台晨间节目的采访,采访结束后与工作人员聊天时,一位播音员对他说:"我是靠抱怨维生的,而且我靠抱怨获得了非常高的薪水。"

鲍温问他:"如果把快乐分成从一到十这十个等级,你在哪个等级呢?"

很明显,他愣了一下,几秒钟之后他伤感地问鲍温:"有负数可以算吗?"

那一刻,鲍温感受到了这位"高薪"播音员内心的不安。

其实,曾经有一段时间,鲍温也像那位播音员一样,内心充满忐忑。所以他总是想用自己的大嗓门、抱怨和对他人的指责来压抑心里的不安。当鲍温的第一任妻子离开时,她告诉鲍温在他的身边从来没有安全感,这令她身心交瘁。

从那天开始,鲍温进行了认真的反省。多年以来,他一直试图改变身边的一切以变成一个有安全感的人,但是长时间的思考之后,他才豁然明白:有安全感代表接受事物的原貌,而不是试图改变它。

对于一个常常抱怨的人来说，不安的情绪是他们在每天的生活中必然要承受的，以至于渐渐成为不可言说的习惯。

那些内心踏实的人，往往能够认同自己的长处，接受自己的缺点，悠然自得，从来不会透过他人的目光来肯定自己。而没有安全感，内心充满不安的人，常常质疑自己的重要性，他们或者将自己的成就昭告天下，以博得赞赏，或者反复诉说不幸的遭遇，以换取同情，久而久之，他们习惯了用各种方式掩饰自己的不安，而终于成为一个爱抱怨的人。

所以，真正有安全感的人能够诚实面对自己的情绪，安于自己的不安，他们不会压抑自己内心的种种情绪，而是会自然而然地接受所有痛苦的情绪带来的不适，一旦内心真正接受了，自然不需要再通过其他的途径来发泄。

情商是一种"综合软技能"

21世纪的生活竞争力越来越大，硬技能已经开始不够用了，雇主会要求雇员有高等级的"软技能"，如：

——与他人融洽相处的能力

——有效地领导团队（靠软硬兼施管理的日子已经过去）

——促进他人的进步和管理他人的知识

——自我成长

——人际交往能力强

——尽可能有效地运用认知（思考）能力

——面对困难时，依然保持活力

——积极处理批评和困境的能力

——在危机中保持冷静的能力

——作决定时，有理解和接受他人有效观点的能力

这些软技能统统可以归于情商。雇主之所以对雇员的情商感兴趣，原因很简单——你的高情商对他们的生意有好处。

我们知道情商有五大内容，均属于软技能，下面来详细分析一下这五大内容。

★自我认知的能力

我是谁？我从哪里来？又要到哪里去？我为什么要这么做？我为什么不高兴……这些问题从古希腊开始，人们就不断地问自己，然而至今都没有得出令人满意的答案。即便如此，人们从来没有停止过对自我的追寻。

认识自我包括的内容如下：我的身体外形——有什么优势，有哪些缺陷；我的情绪个性——是易冲动还是沉着；我的气质类型——胆汁质、多血质、黏液质、抑郁质；我有什么长处，什么短处……一些人会因为自己的高矮胖瘦而不能坦然面对自我，那么他的自我认知就出现了障碍。也有一些人对自己所扮演的角色、所处的位置认识不清，导致命运的悲剧发生。

★控制自我情绪的能力

情商的一个重要内容是控制自我，没有自制力的人终将一无

所成，因为哪怕是一点的小刺激或小诱惑他都会抵制不了，进而深陷其中。控制自我情绪是一种重要的能力，是人区别于动物的重要标志。人是有理性的，而非依赖感情行事。托马斯·曼告诫人们："抵制感情的冲动，而不是屈从于它，人才有可能得到心灵上的安宁。"

自制，顾名思义就是克制自己。看似不自由，殊不知，为了获得真正的自由，必须有意识地克制自己。没有自制力的人是可怕的，不但他的思想会肆意泛滥，行为更会如此。一个失去自制能力的人是不会得到命运的眷顾与垂青的。

★自我激励的能力

自我激励就是给自己打气，鼓励自己要争气，在逆境中要奋起。而支持崛起的信念则来自于自我激励。许多不成功的人不是没有成功的能力与潜质，而是他们思想上就不想成功。他们在受到羞辱时除了暗自神伤，嗟叹命运不济时，从不给自己打气，他们会习惯"劣势"，久而久之就真的只有失败与之为伍。

一个有成功意识的人，都是允许自己失败，却不会允许自己倒下的人。因为失败是一时的，可以激励自己往上走，但倒下就是永久的失败。

★识别他人情绪的能力

日常生活中时常有人抱怨某人"不会察言观色"，或者是"没有眼力价"，无论是哪种表达，都是关于情商中识别他人情绪的表现。一个不懂得识别他人内心的人，是无论如何达不到想要

的成就的。

哈佛人认为，识别他人的情绪是与人沟通方面必不可少的能力，这种能力不仅能影响他人，更能影响自己。

★人际交往的能力

美国有一个叫泰德·卡因斯基的人，他16岁进哈佛，20岁毕业，而后在密歇安大学获数学硕士、博士学位，接着，又到世界第一流的加州大学伯克利分校数学系任教。然而，卡因斯基虽然智力超群，却从未培养过自己的社会交际技能。整个中学时期同学几乎见不到他的影子，他从不同任何人交往，更不能与人建立长久的关系。在大学里，他也如此，人们送他一个"哈佛隐士"的绰号。

卡因斯基在制造炸弹方面有特殊才智，但他在社交方面却是低能儿，因长期压抑而导致心理异常。他不但没有对社会作出贡献，最后却是用自己研制的炸弹杀死了3人，伤了22人。

这就是缺乏人际交往能力的后果，著名成功学家卡耐基先生说，一个人的成功取决于20%的专业能力和80%的人际关系，足见人际交往能力的重要。而他所说"20%的专业技能"主要靠智商来获取，"80%的人际关系"却是靠情商获得。

PART2 智商决定录用,情商决定提升

智商的"成名史"

智商,是一种表示人的智力高低的数量指标。智商=智龄÷实足年龄×100。这是美国心理学家在20世纪中叶提出来的,几十年来这一概念极大地推动了人类智力的发展。

智商反映了一个人的观察力、记忆力、思维力、想象力、创造力等,是人们运用大脑进行分析、运算以及逻辑推理,从而解决问题的能力。智商高低有先天的因素,但更重要的是后天的开发和训练。美国心理学家威廉·詹姆斯认为:"一个健康的人终其一生只利用了他固有能力的10%。"还有人认为只利用了4%或6%,甚至更低。

美国《使用你的大脑》一书的作者拉尼·布赞教授说:"你的大脑就像一个沉睡的巨人。"人才开发有家庭开发、社会开发和自我开发这几个部分，而关键是自我开发，就是要有自我开发的意愿、热情、方法，并形成自我开发的习惯，这是造就人才成长重大差异的根本原因。不断地学习积累，提高智商，这是成功的基本条件。

据心理学研究表明，一个正常发育的大脑都有如下能力：

◇语文能力：包括说话、阅读、书写的能力。

◇空间能力：包括认识环境、辨别空间的能力。

◇音乐能力：包括声音的辨识及韵律表达的能力。

◇运动能力：包括支配肢体以完成精密作业的能力。

◇社交能力：包括与人交往且和睦相处的能力。

◇自知能力：包括认识自己并选择生活方向的能力。

以上几种能力是每个大脑发育正常的人都应具备的，但为什么每个人的各种能力表现不同呢？这是由每个人的心理状况和生理状况决定的，心理状况是功能性因素，生理状况是基础性因素，二者相互促进，相互制约。

近年来的研究显示，人类的智商是可以获得提升的，主要通过以下几种方法。

◇改变饮食习惯。多吃有益增强记忆力的食物。如：蛋黄、大豆、瘦肉、牛奶、鱼、动物内脏及胡萝卜、谷类等。大脑获得更多的动力，就有利于大脑的开发，从而提高智商。

◇为自己营造一个具启发性和刺激感官的环境。在我们周围，天赋极佳者当然还是少数，大多数人的智力属于中间型。智力发展虽有遗传基础，但同时还受环境因素的强烈影响。遗传基础只规定了智力发展的可能性。因此，后天教育与环境对人们的智力发展是极为重要的。

◇适当培养音乐细胞，激发灵感。形容一个人聪明，有很多词语：机敏、鬼主意多、分析能力强、有第六感等，仔细研究这些词汇，你会发现一个通性：聪明人总是想得更多、更全面、眼光更准确，用一句话概括，就是"灵感强"。

◇运动——发挥天赋，弥补短处。运动有很多种，有纯体力运动，如长跑、短跑；还有纯脑力运动，如下棋、打游戏；还有智力、体力相合运动，比如足球、排球、篮球、羽毛球。

一个善于开启智慧头脑的人，一定是个善于发现机会和勇于开拓的人，成功会离他更近。善于运用智慧的人，比只会埋头苦干、不善思考的人更受欢迎。这就是智慧的作用。正是这种智慧的光芒，使我们能够致力于发展完美的生活状态。因此，寻求智慧的源泉，探求智慧的培养方式，提高智商的指数，也就成为我们追求完美人生的重要组成部分。

真正带给我们快乐的是智慧，不是知识

古希腊哲学家苏格拉底曾说：真正带给我们快乐的是智慧，而不是知识。

什么是知识？知识是那些没有经过自己的思索和感悟而获得的认识和经验。我们从学校、父母、长辈那里学到的一切，从

书本杂志、电影电视、朋友闲谈等等地方获得的一切信息都是知识。

什么是智慧？智慧是经过自己大脑的思考、心灵感受而获得的能力。智慧无法通过视觉、听觉、味觉、嗅觉、触觉而获得，智慧是思维的"孩子"，不经思考的人无法获得智慧。

★有知识不等于有智慧

一个人可能学富五车，但他不一定是智慧之人，因为他完全可能只是千万次地重复人家的思想，自己却不善思考，不去探究，更不会发明创造。

★掌握很多实用技能也不等于有智慧

一个人学会驾车，学会电脑，但他不一定富有智慧，因为他很可能是被迫去做，内心却对这些技能毫无兴趣，更谈不上从中悟出智慧。真正的智慧之人，都会对自己所从事的活动深感兴趣，他不是被迫去做，而是自愿去做。

哲学家马可·奥勒留对自己说："不要分心，不要虚有学问的外表而丧失自己的思想，也不要成为喋喋不休或忙忙碌碌的人。"可见，他是一个懂得区分知识和智慧的人，他追求的是智慧，而非知识。

知识是人类对有限认识的理解与掌握，而智慧是一种悟，是对无限和永恒的理解和推论。

知识是有限的，再多的知识在无限面前也会黯然失色。智慧是富于创造性的，其不被有限所困，面对无限反而显得生机

勃勃。

学习知识是智育的首要目标，但不应该是最终的目标。学校的目的不在于为学习知识而学习知识，知识应该为人的发展奠定基础。

在澳大利亚的一个牧场中，人们看到有三个大学生在那里打工。这三个人都是名牌大学的毕业生。人们都非常惊异：居然让大学生来看管家畜！他们在学校接受的教育是要做领导众人的领袖，而现在却在这里"领导"羊群。牧场主人雇佣的这些学生，虽然满腹经纶，能说好几门外语，可以讨论深奥的政治经济学理论，可是，要说挣钱却不能和一个没有上过学的人相比。

牧场主整天谈论的只是他的牛羊、他的牧场，眼界十分狭隘，但他能够赚大钱，而那些大学生连谋生都很困难。这其实是一场"有文化和没文化、大学和牧场的较量"，而后者总是能够占上风。

大学生在这场"较量"中失利就是因为他们只是拥有知识而牧场主却懂得赚钱的智慧。

我们都听说过"买椟还珠"的寓言故事，一个过分雕饰的盒子和一颗光彩照人的珠宝,哪一个更有价值,不言而喻。

而在人生中,追求虚有其表的学问,而没有自己独到判断和见解的人又何尝不是在舍本逐末,在珍贵的人生旅途中"买椟还珠"?

其实,大部分人之所以拥有强烈的获取知识的欲望,是因为对无知的恐惧、对人生的不安。那些见多识广的人,在危机的关头往往能沉着应对,拥有智慧的人生才是踏实的。但虚有学问的外表的人,终究是为了取悦他人而活着。

让我们的一切行为符合生命本质,摒弃外表让人眼花缭乱的光荣和浮华,追求心灵的提升,寻找真正的智慧,才是我们要做的事。

情商与智商:人生的左臂右膀

有人说成功者是"80% 情商 +20% 智商",失败者是"20% 情商 +80% 智商"。对于人类来说,情商与智商都很重要,如同人生的左臂右膀,缺一不可。

情商的水平不像智力水平那样可用测验分数较准确地表示出来,它只能根据个人的综合表现进行判断。心理学家们认为,情商水平高的人具有如下特点:社交能力强,外向而愉快,不易陷入恐惧或伤感,对事业较投入,为人正直,富有同情心,情感生活较丰富但不逾矩,无论是独处还是与许多人在一起时都能怡然自得。专家们还认为,一个人是否具有较高的情商,和童年时

期的教育培养有着密切的关系。因此，培养情商应从小开始。

达尔文在他的日记中说："教师、家长都认为我是平庸无奇的儿童，智力也比一般人低下。"但他却成了伟大的科学家。爱因斯坦在1955年的一封信中写道："我的弱点是智力不好，特别苦于记单词和课文。"但他成了世界级的科学大师。洪堡上学时的成绩也不好，一次演讲中他说道："我曾经相信，我的家庭教师再怎样让我努力学习，我也达不到一般人的智力水平。"可是，20多年后他却成为杰出的植物学家、地理学家和政治家。

丹尼尔·戈尔曼用了两年时间，对全球近500家企业、政府机构和非营利性组织进行分析，发现成功者除具备极高的智商以外，其卓越的表现亦与情商有着密切的关系。在一个以15家全球企业，如IBM、百事可乐及富豪汽车等数百名高层主管为对象的研究中发现，平凡领导人和顶尖领导人的差异，主要是来自情绪智商。

卓越的领导者在一系列的情绪智商，如影响力、团队领导、政治意识、自信和成就动机上，均有较优异的表现。情商对领导者特别重要，是因为领导者的精髓在于使他人更有效地做好工作。一个领导者是否卓越，在很大程度上表现于他的情商。

正确认识智商和情商这两种心理品质之间的差异和联系，有利于更好地认识人自身，有利于克服"智力第一"和"智力唯一"的错误倾向，有利于培养更健康、更优秀的人才。

★智商和情商反映着两种性质不同的心理品质

智商主要反映人的认知能力、思维能力、语言能力等。它主要表现人理性的能力。而情商主要反映一个人感受、理解、运用、表达、控制和调节自己情绪的能力，以及处理自己与他人之间的情感关系的能力，它是非理性的。它们是相对理性与相对感性的集合，是不同类型的比较。

★智商和情商的形成基础有所不同

智商和情商虽然都与遗传因素、环境因素有关，但是，它们与遗传、环境因素的关系是有所区别的。智商与遗传因素的关系远大于社会环境因素。而情商与环境因素的关系大于遗传因素。

★智商和情商的作用不同

智商的作用主要在于更好地认识事物。智商高的人，思维品质优良，学习能力强，认识深度深，容易在某个专业领域作出杰出的贡献，成为某个领域的专家。情商主要与非理性因素有关，它影响着人类认识和实践活动的动力。它通过影响人的兴趣、意志、毅力，加强或弱化认识事物的驱动力。智商不高而情商较高的人，学习效率虽然不如高智商者，但是，有时能比高智商者学得更好，成就更大。因为他们锲而不舍的精神使得勤能补拙。

实力是成功的通行证

按照现代人力科学的理论来说，成功的实力有两种，即"硬实力"和"软实力"。

所谓硬实力无非是财力、背景等那些外界给予的东西，而软实力则是你内心与生俱来的，同时又经过后天磨炼打造的内在的东西。而在人的一生中，软实力更加重要，因为它不能被剥夺。想要成功光靠运气是下下策，没有实力而成功的几率如同中彩票一样低。

百富勤曾经是香港金融市场里叱咤风云的明星级证券行，但是在亚洲金融风暴中宣告清盘，存活的时间仅仅10年。

1987年的股灾之后，香港的股票市场一片狼藉，百富勤国际公司就是在这个时候成立的。在天时、地利、人和的配合下，抓住了每一个可以实现丰厚利润回报的机会，勇于开拓。所以，在短短的10年间，百富勤就由一间3亿港元的小经纪行发展到总资产240亿港元的跨国集团公司，被认为是股市的神话。表面上百富勤一帆风顺，其实投资风险一直伴随在它身边，它忘记了投资的要诀——分散风险，导致它的投资金额过于集中，而且忽略了亚洲市场的风险，孤注一掷地把资金投入到亚洲市场。

由于百富勤的投机心理太强，越高风险的业务就越投入得多，所以在印度尼西亚和韩国的投资过大，投资金额将近6亿美元，相当于总投资的25%～30%。很快，因为印尼盾和韩元大幅贬值，百富勤的投资产生了巨额的亏损。在沉重的打击下，百富勤终于支撑不住，宣告清盘。

百富勤忽略了自身的承受能力，在实力还不充沛的情况下想碰运气捞一把，这样的决策显然是错误的。机遇没有降临，风险却不期而至，所以只得以失败告终。

很多人在现实生活中也有赌博心理，就像百富勤一样，最终一无所有。人不能靠赌博和投机来奢求成功，无论什么时候，你一定要谨记，能让你获得最终成功的必定是你的实力而非运气。实力并非知识，而是能力。

人们通过学习，掌握一种能力，并让这种能力适应千变万化的社会需求，这样人们才能更好地生存和发展。有人说，真正的"铁饭碗"，不是在一个地方总有饭吃，而是走到哪里都有饭吃，也就是到哪里都有生存的能力。

身处竞争的年代，一切都靠实力，靠实力说话，靠实力办事，影响别人靠的也是实力。只有实力增强，别人才能信服，才能心甘情愿地接受你、追随你。

智商诚可贵,情商"价"更高

成功不仅取决于个人的谋略才智,在很大程度上还取决于正确处理个人的情绪与别人情绪之间关系的能力,也就是自我管理和调节人际关系的能力。

人类在关于怎样才能成功的问题上从来不曾停止过探索的脚步。爱看电影的人们一定都会记得《阿甘正传》,这是一部好莱坞大片,男主角汤姆·汉克斯更是凭借它而一举夺得奥斯卡"小金人"。

影片中的男主角名叫"Forrest Gump",他从小就是一个有点行动不便的男孩,准确地说是有点残疾。然而不幸的事情不只这样,他的母亲到处为他找学校,却没有一所学校愿意接收他,原因在于他的智商只有75。但是后来Forrest的表现让每位观众都为之感动。他凭借执著、善良、守诺、勇敢的个性,一度成为美国人民心中的英雄。

故事也许是虚构的,而它却向我们揭示了这样一个道理:智商的高低与人生的成就不能直接画等号!阿甘的重情重义、执著乐观的个性,是他成功的重要因素,这便是来自于情商的魅力。

情商的高低,可以决定一个人的其他能力,包括智能能否发挥到极致。情商比智商更重要,如果说智商更多地被用来预测一个人的学业成绩的话,那么,情商则能被用于预测一个人能否取得事业上的成功。

有些人在潜力、学历、机会各方面都相当，后来的际遇却大相径庭，这便很难用智商来解释。曾有人追踪1940年哈佛的95位学生中的成就（相对于今天，当时能够上哈佛的人比上不了哈佛的人，差异要大得多），发现以薪水、生产力、本行业位阶来说，在校考试成绩最高的不见得成就最高，对生活、人际关系、家庭、爱情的满意程度也不是最高的。

波士顿大学教育系教授凯伦·阿诺德曾参与上述研究，她指出："我想这些学生可归类为尽职的一群，他们知道如何在正规体制中有良好的表现，但也和其他人一样必须经历一番努力。所以当你碰到一个毕业致词代表，惟一能预测的是他的考试成绩很不错，但我们无从知道他适应生命顺逆的能力如何。"

总之，智商对于我们固然重要，但是如果少了情商，你将会失去人生中最重要的部分。

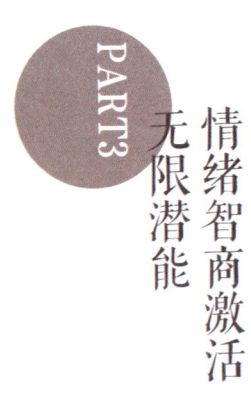

PART3 情绪智商激活 无限潜能

你挖到自己的潜能宝藏了吗

在每个人的身体里面,都潜伏着巨大的力量。人体内都存在着巨大的内在力量,所以人人都能成就不朽的事业。一个人一旦能对内在的力量加以有效地运用,他的生命便永远不会陷于卑微贫困的境地。

"我创造,所以我生存。"哈佛教授尼古拉斯·罗杰斯的这句话,被无数哈佛学子奉为至理名言,无数事实也为这句话作了很好的佐证。

每一个人身上都蕴藏着无限的创新力,问题是看你如何认识"我能创新"这一点。创新力的开发受后天的诱导,特别是自身努力的程度和方式不同而出现很大的差异,只要认真培养与开发自己的创新力,就有可能收到意外的效果。

马克·扎克伯格是美国社交网站 Facebook 的创办人,被人们冠以"盖茨第二"的美誉。他是哈佛大学计算机和心理学专业的辍学生。据《福布斯》杂志保守估计,马克·扎克伯格拥有 15 亿美元身家,也是历来全球最年轻的自行创业亿万富豪。

在群雄逐鹿的互联网时代,他只是一个普通的大学生,没有什么突出的成绩,然而为什么能够在无数创业者中脱颖而出?很多人都想知道他成功的原因。在别人还在沿着老路进行创业的时候,2004 年 2 月,还在哈佛大学主修计算机和心理学的他,要建立一个网站作为哈佛大学学生交流的平台。

当时,他也不知道自己能不能把这项任务完成,但他对自己有信心。他只用了大概一个星期的时间,就建立起了这个名为 Facebook 的网站。意想不到的是,网站刚一开通就大为轰动,几个星期内,哈佛一半以上的大学部学生都登记加入会员,主动提供他们最私密的个人数据,如姓名、住址、兴趣爱好和照片等。

学生们利用这个免费平台掌握朋友的最新动态,和朋友聊天,搜寻新朋友。很快,该网站就扩展到美国主要的大学校园,包括加拿大在内的整个北美地区的年轻人都对这个网站饶有兴趣，如今更是风靡全球。

马克·扎克伯格是一个再普通不过的哈佛学生，他没有过高的智商，但他创造了比哈佛高才生还要好的成绩，这是为什么呢？是因为他成功挖掘了自己身上的宝藏。

人们体内的亿万细胞中，有着巨大的潜在力量。这种潜力要是能够被唤醒，就能做出种种神奇的事情来。然而大部分人好像都不明白这一点。有的病人在病势垂危、呼吸困难时听了医师或亲友的一席热烈恳切的安慰话后，竟然会起死回生。这种情况在医生看来，也是常有的事。一般来说，疾病之所以置人于死地，首先是因为病人失掉了对生命的渴望。

运用智慧来开发自身无限的潜能，就仿佛用一把万能金钥匙打开未来之门，它将带给你不可胜数的意外惊喜。思想、精神等是人类取之不尽、用之不竭的巨大宝藏，是伟大的造物者赋予我们珍贵无比的财富。

德国诗人歌德说过："人的潜能就像一种力量强大的动力，有时候，它爆发出来的能量会让所有人大吃一惊。"所以，不管你是谁，你的生命潜能都如同一座取之不尽、用之不竭的宝藏。

哈佛大学的校长科南特曾经说过："垃圾是放错了位置的财宝。"所以，天才和凡人也只是一线之隔。只要你相信自己是一块金子，那么，你就能发现一种永不坠落、永不衰败、永不腐蚀的力量，这就是人的潜能。

人的潜能是永远挖掘不尽的，而我们作为无限能量的代言人，自然也不应以自信破产的面貌出现。开发自己的潜能吧，这会让你受用不尽。

登陆自己的"新大陆"

美国学者詹姆斯根据其研究成果说："普通人只发展了他蕴藏能力的1/10。与应当取得的成就相比较，我们不过是在沉睡。我们只利用了我们身心资源的很小的一部分，而大部分甚至可以说一直在荒废。"没有人知道自己到底具有多大的潜能，因而没有人知道自己会有多么伟大，所以我们应该找寻内心真实的自我，激发自己无穷的潜能。

有这样一个笑话。说一个人夜晚走到坟墓附近，不小心掉进一个墓穴里，墓穴很深很滑，他怎么爬也爬不出去。已经是半夜了，几乎没有出去的可能了，他便在墓穴里闭目养神等待天明。过了一会儿，忽然有个喝醉酒的人也掉了进去，拼命爬也没爬出去。这时，坐在一旁养神的人突然开口说："不用爬了，我试了，爬不出去的。"这时，那个酒鬼被吓得忽的三两下就爬出去了。

这不禁让我们产生疑问：到底是什么因素使酒鬼产生这种"超常力量"呢？显然，这并不仅仅是身体的本能反应，它还涉及人的内在潜力在关键时刻所爆发出的巨大力量。

著名作家柯林·威尔森曾用富有激情的笔调写道："在我们的潜意识中，在靠近日常生活意识的表层的地方，有一种'过剩能量储藏箱'，存放着准备使用的能量，就好像存放在银行里个人账户中的钱一样,在我们需要使用的时候,就可以派上用场。"

每个人都具有某种特殊的才能。这种特殊才能就是你的新大陆,要想成功,不仅要善于发现它,更要利用好它。

所以,不妨试着用小方法来提升自己的身价,找出对自己人生有利的新大陆:

◇重新估价自己的某些"长处"。

◇"鬼主意或小才能不重要"的观念,是大错特错的。

◇不要钻牛角尖,不要去探求才能是从哪里来的。

◇刚开始利用这些才能时,可能需要相当的勇气,一旦突破之后,就易如反掌了。

◇告诉自己能行,每天自我激励。

你不妨自己好好审视一番。你所具有的任何才能,都是暗示你身价即将大涨的前兆,所以你必须慎重仔细地考虑如何运用,这些都是使你拥有自信以及迈向成功的契机。

精神激励,激活内在潜能

"你改变不了环境,但你可以改变自己;你改变不了事实,但你可以改变态度;你改变不了过去,但你可以改变现在;你不能控制他人,但你可以掌握自己;你不能预知明天,但你可以把握今天;你不能样样顺利,但你可以事事尽心;你不能延伸生命的长度,但你可以决定生命的宽度;你不能左右天气,但你可以改变心情;你不能选择容貌,但你可以展现笑容。"这是一位身患癌症的女士用生命写下的诗句。这段话告诉我们，你要不断给自己鼓励，这是一种动力，更是一种能量，它能激活我们的内在潜能。

哈佛告诉学生：阻碍我们成功的，不是我们未知的东西，而是我们已知的东西。

每个人都会有"自身携带的栅栏"，若能及时地从中走出来，则是一种可贵的警悟。与生俱来的独一无二的创造自由的态度，勇于进取，绝不自损、自贬，在学习生活中勇于独立思考，在日常生活中善于注入创意，在职业生活中精于自主创新，以上正是能够从自我囚禁的"栅栏"里走出来的鲜明标志。

要从自囚的"栅栏"走出来，还创造力以自由，就要还思维以自由，不断给予自己精神鼓励。在此基础上，对日常生活保持开放的、积极的心态，对创新世界的人与事，持平视的、平等的姿态，对创造活动，持"成败皆为收获、过程才最重要"的精神状态。

这些道理看似简单，却总是被人忽略。然而本章开篇这位站在生命尽头的人，却用她温柔的语言告诉我们：尽管世界上有太多难以掌控的事情，但只要我们选择恰当的方式，调动生命的能量，生活便能随我们的心意改变。无独有偶，美国的派蒂·威尔森用自己的行动证明了这是一个真理。

派蒂在年幼时就被诊断出患有癫痫。她的父亲吉姆·威尔森习惯每天晨跑，有一天派蒂兴致勃勃地对父亲说："爸爸，我想每天跟你一起慢跑,但我担心中途会病情发作。"

她父亲回答说:"万一你发作,我也知道如何处理。我们明天就开始跑吧。"

于是,十几岁的派蒂就这样与跑步结下了不解之缘。和父亲一起晨跑是她一天之中最快乐的时光,跑步期间,派蒂的病一次也没发作。

几个礼拜之后,她向父亲表示了自己的心愿:"爸爸,我想打破女子长距离跑步的世界纪录。"她父亲替她查吉尼斯世界纪录,发现女子长距离跑步的最高纪录是80英里。

当时,读高一的派蒂为自己订立了一个长远的目标:"今年我要从橘县跑到旧金山(400英里);高二时,要到达俄勒冈州的波特兰(1500多英里);高三时的目标在圣路易市(约2000英里);高四则要向白宫

前进（约3000英里）。"

虽然派蒂的身体状况不是很好，但她仍然满怀热情与理想。对她而言，癫痫只是偶尔给她带来不便的小毛病。她从不因此消极畏缩，相反的，她更珍惜自己已经拥有的。

高中的最后一年，派蒂花了4个月的时间，由西岸长征到东岸，最后抵达华盛顿，并接受总统召见。她告诉总统："我想让其他人知道，癫痫患者与一般人无异，也能过正常的生活。"

"如果我们完成所有我们能做的事情，我们毫无疑问地会使自己大吃一惊。"发明家爱迪生曾经这样说过，他认为每个人都拥有相当惊人的潜力。因此，我们没有理由压抑自己本身的潜能。

有一句老话说："在命运向你掷来一把刀的时候，你可能会抓住它两个地方：刀口或刀柄。"如果抓住刀口，它会割伤你，甚至使你送命；但是如果你抓住刀柄，你就可以用它来劈开一条大道。所以，只有突破内心甘于平庸的意识，才有机会握住刀柄，想要握住刀柄，就要有这个能力，想要具备这个能力，就需要激发斗志与潜能。

突破平庸，就昭示着成功，其中一条捷径就是激活潜能。有人说过："若不先离开海岸，是永远不可能发现新大陆的。"因此，当遭遇到大障碍的时候，你要抓住它的柄，换句话说就是让挑战激发你的战斗精神。战斗的意识能够引发你的内部力量，唤醒沉睡的潜能。

外力开发你的潜力

大多数人的志气和才能都深藏着,必须要外界的刺激才能表现出来。在人的一生中,无论何种情形下,你都要不惜一切代价,走入一种可能激发你的潜能的气氛中,你才能激发自我。一定要超越那些限制,和外界合为一体时,才能激发潜在能力。

有多少次我们已经触摸到了那种巨大的力量,却没有认出它;有多少次这种巨大的力量就握在我们手中,而我们却把它扔掉了;有多少次它就出现在我们眼前,然而我们没有看到它,没有认识到它可能带给我们的种种益处。其实有些时候不是我们看不到它,而是不知道用什么工具去开发它,所以,开发潜能需要利用外力。

在美国西部某市的法院里有一位法官,他中年时还是一个不识文墨的铁匠。他现在60岁了,却成了全城最大的图书馆的主人,获得许多读者的称誉,被人认为是学识渊博、为民谋福利的人。这位法官唯一的希望,是要帮助同胞们接受教育,获得知识。可是他自身并没有接受过系统的教育,为何他会产生这样的远大抱负呢?原来他不过是偶然听了一次关于"教育之价值"的演讲。结果,这次演讲唤醒了他潜伏着的才能,激发了他远大的志向,使他做出了这番造福一方民众的事业来。

我们大多数人的体内都潜伏着巨大的志气和才能,但这种潜能一直酣睡着,它一旦被激发,便能做出惊人的事业来。志气一旦被激发,如果又能加以继续关注和教育,就能发扬光大,否则终将萎缩并消失。

那么，我们就需要寻找激发潜能的力量。如果我们找不到一个正确的途径，那么这些潜能也只能被当成废物一样处理掉。

促使潜能开发应用的方法途径有许许多多，但从成功学的角度而言，主要有四个方面，即"诱、逼、练、学"。

★ "诱"就是引导

寻求更大领域、更高层次的发展，是人生命意识里的根本需求。"这山望着那山高"、"喜新厌旧"是人的根本特性。因此，具有主体自觉意识的自我，有理性的自我，是绝不愿意停留在任何一种狭小的、有限的状态之中的，而总是想要不断开拓以取得更大的发展，从而更好地生存。这种炽热的、旺盛的发展需要，是成功渴望的表现，是潜能蓄势待发的前兆。只要对这种发展意识给予有益的暗示、引发、规划和培育，就能把潜能很好地激发起来，释放出来。

★ "逼"就是逼迫

人是一个复杂的矛盾体，既有求发展的需要，又有安于现状、得过且过的惰性。能够卧薪尝胆，自我警醒的人少之又少。更多的人需要的是鞭策和当头棒喝式的促动，而"逼"就是"最自然"的好办法。人们常说的"压力就是动力"，就是这个意思。因此，被逼不是无奈，被逼是福。逼自己，来提升自己。逼自己，就是战胜自己，必须比自己的过去更新；逼自己，就是超越竞争，必须比别人更新。

★ "练"就是练习

此处特指专家为开发人的潜能而专门设计的练习、题目、测验、训练,如脑筋急转弯、一分钟推理等,多做有益。

★ "学"就是学习

学习是增加潜能基本储量和促使潜能发挥的最佳方法。知识丰富必然联想丰富,而智力水平正是取决于神经元之间的信息连接范围和信息量。

在人的一生中,无论何种情形下,你都要努力接近那些有利于开发你潜能的外力,这有可能是人,也有可能是知识。这对于你日后的成功,具有莫大的影响。几乎所有的人都只发挥了其能力的1/10。不能发挥其余十分之九的能力的原因在于恐惧、不安、自卑、意志薄弱及罪恶感。将所有的原因综合起来,可以认为是"与外界的不调和",因为不能包容外界,则等于是给自己的能力踩了刹车。

与外界的调和能让自己的能力发挥到淋漓尽致的地步,相信读者很容易便能了解这一个法则,因为所谓创造的行为,是向着外界去发挥,所以一旦能和外界调和时,自然产生优异的结果。

思考掀起你的头脑风暴

迪·博诺教授说:"一个人很聪明或智商很高,只是说明他有创新的潜力,并不能说明他很会思考。智力和思考的关系,就好比一辆汽车同司机驾驶技术的关系,你可能有一辆很好的汽车,如果驾驶技术不好，仍然不能把车开好。相反，尽管你开的是一辆旧车，如果驾驶技术高超的话，照样能把车开得很好。"

世界著名趋势专家约翰·奈斯比特也曾经说过："在信息时代，我们最需要学习如何思考、如何学习以及如何创新。"人人都有思考的能力。思考力具有强大的力量，唯有思考，才能开发出智慧的潜能，才能打开才智的大门。

从现在开始，让你的头脑刮起一阵"思考风暴"，用积极的思考去进行积极的创新，你的生命将无比精彩。

◇要有正确思考方式

一天晚上，英国著名的物理学家卢瑟福走进实验室，看到一位学生仍坐在实验桌前，便问道："这么晚了，你还在做什么？"

学生答道："我在工作。"

"那你白天在干什么呢？"

"也在工作。"

"那么你早上也在工作吗？"

"是的，教授，早上我也在工作。"

于是，卢瑟福提出了一个问题："那么，你什么时候思考呢？"学生看了看他，无言以对。

其实，在我们的周围不乏刻苦认真的人，但他们的成绩就是上不去；也有许多人，他们工作非常勤奋，却没什么太大的成就；许多人做事非常努力，但就是赚钱不多，囊中羞涩；许多学者埋头苦干，实验无数，但就是没有创新，无所突破……虽然原因各

异,但缺乏正确的思考方式无疑是其中非常关键的一个原因。

★勤奋是思考的动力

勤奋学习书本知识而不思考,就会不辨真伪,更不能融会贯通、学以致用;如果只是苦思冥想却不认真读书,就会孤陋寡闻、才疏学浅,更不能做到标新立异。可见,勤奋学习与善于思考是相互促进、相辅相成的关系。

勤奋是思考的基础,在勤奋的基础上思考,思考才能深入;在思考的前提下,勤奋的努力才会有效果。我们千万不要认为,做作业是最重要的,做实验是最重要的,看电视是最重要的,最后却说没有时间去思考,忘记了思考。

★发散性思维

发散思维又被称为辐射思维,扩散思维,它是指人在思考问题的时候,思维会以某一个点为中心,沿着不同的方向、不同的角度。向外扩散的一种思维方式。

1950年,美国心理学家吉尔福特在《创造力》为主题的演讲中首次提出"发散性思维"这个概念。经过五十多年的研究,人们从"发散思维术"中又演变出其他很多种思维术,所以我们对发散思维研究得越是透彻,对其他的思维术的了解也会愈发深刻。总的来说,发散思维有以下几个特征:

——变通性

变通性就是不断变化,克服人们头脑中某种自己设置的僵化的思维框架,按照某些新的方向来思索问题的过程。

拥有发散思维的人会沿着不同的方面和方向思考问题,这样就必须要具备变通性的特性,而变通性需要借助横向类比、跨域转化、触类旁通等方法,表现出极其丰富的多样性和多面性。

——流畅性

流畅性就是想象力自由发挥的速度。发散思维的触角就像阳光一样,很快就能遍布四周。流畅性反映的是发散思维的速度和数量特征。它是指在尽可能短的时间内生成并表达出尽可能多的思维观念以及较快地适应、消化新的思维、概念,所以我们说有发散思维的人肯定会很机智,因为机智与流畅性密切相关。

——独特性

"学我者生,似我者死"。一个人的思维如果大众化就没有任何优势了。独特性指人们在发散思维中作出不同寻常且异于他人的新奇反应的能力,可以说独特性是发散思维的最高目标。

创造是智慧的引子

随着社会的发展,创造性思维显得越来越重要,也越来越被人们所认识。你要想使自己的工作产生超凡出众的效果,在竞争中立于不败之地，就应培养和运用创造性思维。

创新思维与一般思维，尤其是逻辑思维大不相同。简单地说，创新思维就是指有创见的思维，是一种智慧的升华。是人们在已有经验的基础上，从某些事实中更深一步地找出新点子，寻求新答案的思维。创新思维是潜伏在你头脑中的金矿，它绝不是什么天才之类的独特力量和神秘天赋。

创新思维是一切创造活动的开始。因此，我们要学习运用创新思维，融会贯通，充分激发自己的创新潜能。千百年来，人类正是凭借着创新思维在不断地认识世界、改造世界。创新思维给人类前进和创造财富提供了原动力。从这个意义上说，人类所创造的一切成果，都是创新思维的物化，是智慧的结晶。

小时候的爱因斯坦一点也不聪明，到3岁时，还不会讲话。6岁上学，在学校里成绩非常差，一上课就成为老师批评的对象，老师还说他永远也不会有什么大的出息。大家一致认为他是一个天生的笨蛋。

但是，爱因斯坦在12岁时，就已经决定献身于解决"那广漠无垠的宇宙"之谜。15岁那一年，由于历史、地理和语言等都没有考及格，也因为他的无礼态度破坏了学校秩序和纪律，他被学校开除了。

爱因斯坦非常重视思考和想象。他说："想象力比知识更重要。因为知识是有限的，而想象力包括世界上的一切，推动着进步，并且是知识进化的源泉。"

他在16岁时，喜欢做白日梦，幻想着自己正骑在一束光上，做着太空旅行，这也引发了他的思考：如果这时在出发地有一座钟，从我坐的位置看，它的时间会怎样流逝呢？

从此，他开始了他的科学远征。他进行了大量的理想实验，提出了"光量子"等理论，为相对论和量子论的建立奠定了基础。

爱因斯坦从自己的切身体验出发，强调不能只是死记一大堆东西，而是要能灵活地进行思考。可见，灵活地进行思考对一个人的成功是非常必要的。这是创造的力量，更是智慧的力量。

运用创新思维，你可以顺利解决大到宏伟的计划，小到日常纠纷中的难题。

德国心理学家邓克尔通过研究发现，人们的心理活动常常会受到一种所谓"功能固着心理"的束缚，即容易只把已存在的看成是合理的、可行的，因而在看待某些事物，思考某种问题时，很容易沿着原有的旧思路延伸，受到传统模式的严重羁绊而无法突破创新。

要想培养创新思维，必先打破这种"心理固着效果"，勇敢地冲破传统的看事物、想问题的模式，通过全新的思路来考察和分析问题，进而才有可能产生大的突破。

由于长期积压，美国的一位书商手里有批滞销书久久不能脱手，这令他陷入了困境。经过再三考虑，他有了主意，并且立即开始行动。

他给总统送去了一本书。忙于政务的总统怕他过多地纠缠，便随口说了一句:"嗯,这是本好书。"于是书商便大做广告:"现有总统先生喜欢的书籍出售,欲购者从速。"于是,没过几天那批滞销书便销售一空。

不久,书商又有一批书压在手中卖不出去,便又送了一本给总统。鉴于上次的教训,总统便回了一句:"这书不怎么样。"书商又做广告:"现有总统认为很糟的书出售,欲购从速。"书又被销售一空。

第三次,书商送书给总统时,总统想这次可不能再上当了,于是索性一言不发。书商在广告上说:"现有总统也拿不准是好是坏的书出售,欲购从速。"那批书居然又被抢购一空。

其实,创造性地解决问题并不是高不可攀的事,每个人都有某种创新的能力。创新能力,是每个正常人所具有的自然属性与内在潜能,普通人与天才之间并无不可逾越的鸿沟,创新能力与其他能力一样,是可以通过教育、训练而激发出来并在实践中不断得到提高、发展的,它是人类共有的可开发的财富,是取之不竭,用之不尽的"能源"。

第二篇

了解自我——迈向成功的第一步

　　情商的核心前提是"认识自己",辨认和开阔地接纳自身的情感正是现代情商的组成部分。
　　　　　　　　——卡尔·罗杰斯

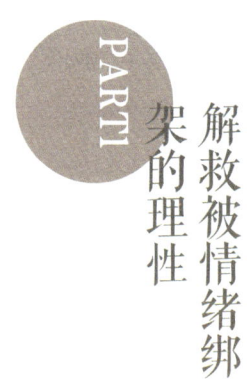

PART 1 解救被情绪绑架的理性

换个视角看人生

当我们面临困惑时,如果能够静下心来,坦然面对,那么当我们从出口走出去时,就有可能看到另一番天地。问题的出口其实就是自己的人生蜕变,是自己理性地坦然面对问题的勇气和决心,是洒脱后的平静。

战时,汤姆森太太的丈夫到一个位于沙漠中心的陆军基地去驻防。为了能经常与他相聚,她搬到那附近去住,这样就可以解除相思之苦了。可是现实使她非常痛苦。那里实在是个可憎的地方,她简直没见过比那更糟糕的地方,对于她来说,那里简直是个噩梦。

她丈夫出外参加演习时,她就只好一个人待在那间小房子里。没有人跟她说话,由于是住在沙漠里非常热,汗都没有来得及出来就晒干了。她不敢出去，怕晒晕过去，而且外面风沙很大，到处是沙子，能见度极低，说不定走着走着，就迷路了，所以她只好乖乖地待在房子里。

汤姆森太太觉得自己倒霉透了，于是她写信给父母，告诉他们她放弃了，她准备回家，她一分钟也不能再忍受了，这个地方像是牢房一样，什么也干不了，没有亲人，没有朋友，她很孤独，她宁愿离开丈夫也不想待在这个鬼地方。

过了一个月，她的父亲回信了，信上只有三句话，之后这三句话常常萦绕在她的心中，并改变了汤姆森太太的一生：有两个人从铁窗朝外望去，一个人看到的是满地的泥泞，另一个人却看到满天的繁星。

她把父亲的这三句话反复念了很多遍，忽然间觉得自己很笨，于是她决定找出自己目前处境的有利之处。她开始和当地的居民交朋友，他们都非常热心。当她在家无聊的时候，她就开

始写作，当她需要书籍的时候，就让家人给邮寄过来。就这样日复一日，年复一年。最终她的稿子被一家出版社看中，并发行成书，从此，汤姆森太太成为一名著名的作家。

汤姆森太太的故事也恰好说明了这样一个朴素的道理：人可以通过改变自己的心境来改变自己的人生。对于身处逆境中的人来说更是如此。如果你不满意自己的现状，想改变它，那么首先应该改变的是你自己，如果你有了积极的心态，转换一个角度，你就会看到不一样的风景，并且能够积极乐观地改善自己的环境和命运，你周围所有的问题都会迎刃而解，这是理性的控制情绪的方法。

有这样一个句歌谣："别人骑马我骑驴，仔细思量总不如，回头再一看，还有挑脚夫。"这首歌谣虽理浅，足以醒世。哲人说：人生是块多棱镜，从不同的角度比较，会产生不同的效果。

所以，我们需要换个视角看人生，这样你就会从容、坦然地面对生活。当痛苦向你袭来的时候，不要悲观气馁，要寻找痛苦的原因、教训及战胜痛苦的方法，勇敢地面对多舛的人生。

情绪产生的原因及种类

是什么原因使我们产生了情绪？情绪来自何方？

科学研究表明，我们大脑中枢的一些特殊的原始部位明显地掌控着我们的情绪。但是，人类语言的使用和更高级的大脑中枢又影响和支配着比较原始的大脑中枢。影响着我们的情绪和行为的主要原因是我们自己的思维。

另外，有些专家也指出：遗传结构只是在很小程度上决定着你是倾向于安静还是倾向于激动。而孩提时的经验和当时周围人的情绪则影响着你的情绪。各种生理因素（如疾病、睡眠缺乏、营养不良等）可能使你变得容易激动。由上可见，情绪是因多种情感交错而引起的一连串反应，与环境有着密不可分的互动关系，它并不是呼之即来、挥之即去的。

对大部分人来说，这些因素并不能完全决定着我们对周遭满意的程度，也不能决定我们能否免受焦虑、愤怒和抑郁之苦。我们的情绪在很大程度上受制于我们的信念、思考问题的方式。这正是情绪不易控制的真正原因。

情绪的种类很多，一般分为以下5种：

★原始的基本的情绪

具有高度的紧张性，包括快乐、愤怒、恐惧和悲哀。

★感觉情绪

包括疼痛、厌恶、轻快。

★自我评价情绪

主要取决于一个人对自己的行为与各种行为标准的关系的知觉。包括成就感与挫败感、骄傲与羞耻、内疚与悔恨。

★恋他情绪

这类情绪常常凝聚成为持久的情绪倾向或态度，主要包括爱与恨。

★欣赏情绪

包括惊奇、敬畏、美感和幽默。

情绪无所谓对错，它常常是短暂的，会推动行为，易夸大其词，可以累积，也可以经疏导而加速消散。情绪的好和坏事实上与我们自己的心态和想法有关，与刺激关系并不大，一件事，在别人眼中看着是悲哀的，在你眼中也许就是喜乐的，主要看自己怎么想了。

情绪的表现形式是多种多样的，我们可以依据情绪发生的强度、持续的时间以及紧张的程度，把情绪分为心境、激情和应激反应3种类型：

★心境

心境是一种微弱、平静、持续时间很长的情绪状态，也就是我们大家常说的"心情"。心境是受到个人的思维方式、方法、理想以及人生观、价值观和世界观影响的。同样的外部环境会造成每个人不同的情绪反应。有很多在恶劣环境中保持乐观向上的例证，那些身残志坚的人、临危不惧的人都是值得我们学习的榜样。

★激情

激情是迅速而短暂的情绪活动，通常是强有力的。我们经常说的"勃然大怒"、"大惊失色"、"欣喜若狂"都是激情所致。很多情况下激情的发生是由生活中的某些事情引起的。而这些事情往往是突发的，使人们在短时间内失去控制。激情是常被矛盾激化的结果，也是在原发性的基础上发展和夸张表现的结果。

★应激反应

应激反应是由出乎意料的紧急情况所引起的急速而又高度紧张的情绪状态。人们在生活中经常会遇到突发事件，它要求我们及时而迅速地作出反应和决定，应对这样紧急情况所产生的情绪体验就是应激反应。在平静的状况下，人们的情绪变化差异还不是很明显，而当应激反应出现时人们的情绪差异立刻就显现出来。加拿大生理学家塞里的研究表明：长期处于应激状态会使人体内部的生化防御系统发生紊乱和瓦解，随之身体的抵抗力也会下降，甚至会失去免疫能力，由此就更容易患病。所以我们不能长期处于高度紧张的应激反应中。

控制自我是高情商的体现

一个成功的人必定是有良好自我控制能力的人，控制自我不是说不发泄情绪，也不是不发脾气，过度压抑会适得其反。良好的控制自我就是不要凡事都情绪化，任由情绪发展，而是要适度控制，这是一种能力的体现。

20世纪60年代早期的美国，有一位很有才华、曾经做过大学校长的人竞选美国中西部某州的议会议员。此人资历很高，又精明能干、博学多识，非常有希望赢得选举的胜利，而且他的威望也很高。

就在他竞选过程中，一个很小的谎言散布开来：3年前，在

该州首府举行的一次教育大会上,他跟一位年轻的女教师"有那么一点暧昧的行为"。这其实是一个弥天大谎,而这位候选人不能很好地控制自己的情绪,他对此感到非常愤怒,并极力想要为自己辩解。

就在这个时候,他的妻子对他说:"既然这是一个谎言,那为什么还要为自己辩护呢?你越辩护,越说明这件事是真的,与其让其他人看笑话,不如我们不把它当回事。"

果然,他把这件事当成小事,当有记者问他时,他说:"这是一个误会,是一个谎言,时间会证明一切。"虽然只是简短的几句话,但是他赢得了更多人的支持。最后他竞选成功。

在关键时候,故事的主人公能控制自己的情绪,控制了自我,这是能力的体现,他更是一个情商高手。他没有因为别人的误解而发怒,而是转换角度,从容面对,所以他成功了。

其实,人的情绪表现会受众多因素的影响,例如,他人言语、突发事件、个人成败、环境氛围、天气情况、身体状况等等。这些因素可以按照来源分为外部因素(刺激)和内部因素(看法、认识)。两种因素共同决定了人的情绪表现和行为特征,其中个人的观点、看法和认识等内部因素直接决定人的情绪表现,而个人成败、恶言恶语等外部因素则通过影响情绪内因而间接影响人的情绪表现。

电影《空中监狱》中有这样一段情节:从海军陆战队受训完毕的卡麦伦来到妻子工作的小酒馆,正当两人沉浸在重逢的喜悦中时，几个小混混不合时宜地出现了，对他漂亮的妻子百般骚扰。卡麦伦在妻子的劝阻下，好不容易按下怒火，离开酒馆准备回家去。没想到在半路上又遇到那帮人，听着他们放肆的下流话语，卡麦伦再也无法忍受了，他不顾妻子的叫喊，愤怒地冲过去和他们搏斗起来。混乱中，一个小混混从衣兜里掏出一把锋利的匕首，卡麦伦不假思索地夺过匕首，一刀捅入对方的胸膛……那人当场死亡了，卡麦伦因为过失杀人，被判了10年徒刑。无论他有多么后悔，也只得挥泪告别刚刚怀孕的妻子，在狱中度过漫长的痛苦时光……

卡麦伦的悲剧难道不是他自己造成的吗？如果他能够控制自己的情绪，不正面与小混混冲突，又怎会酿成如此悲剧？制裁坏人并不一定要靠拳头和武力，当时，如果卡麦伦能稍微理智一些，向警方求助，事情一定不会演变到这种地步。

美国研究应激反应的专家理查德·卡尔森说："我们的恼怒有80%是自己造成的。"这位加利福尼亚人在讨论会上教人们如何不生气。卡尔森把防止激动的方法归结为这样的话："请冷静下来！要承认生活是不公正的。任何人都不是完美的，任何事情都不会按计划进行。"理查德·卡尔森的一条黄金法则是："不要让小事情牵着鼻子走。"他说："要冷静，要理解别人。"他的建议是：表现出感激之情，别人会感觉到高兴，而你的自我感觉会更好。

哈佛告诉我们当你抑制不住生气时，你要问自己：一年后

生气的理由是否还那么重要？这会使你对许多事情得出正确的看法。控制住自我，你的能力就会彰显出来。

情绪发电机

情绪就好像发电机一样，控制不好，它就会源源不断地充电，让我们招架不住，如果是好情绪，当然好，但如果是坏情绪，那么，就会影响我们的心情，情绪就成为真正的主人。所以，想要成为情绪的主人，就要学会怎么控制住这个发电机。

因为《名利场》一书而享誉世界的英国作家萨克雷有一句经典的话：生活是一面镜子，你对它笑，它就对你笑；你对它哭，它也对你哭。得意的时候高兴，失意的时候伤悲，这都是情绪这个发电机的作用。

在生活中，我们不可避免地会产生一些坏情绪，比如愤怒、怨恨、痛苦等，这些情绪虽然都会在一定程度上会消耗我们的能

量。但是，这些表面负面的感受也会有一些积极价值。在感到痛苦的时候，我们可以不断成熟，在逆境中可以不断成长。所以说，情绪发电机用好了，会帮助我们在人生的道路上少走许多弯路。

那么我们怎样把握好这个发电机、把握好自己的生活呢？

◇自如的生活有属于自己的目标。有时，人们变得焦躁不安，是由于碰到自己所无法控制的局面。此时，你应承认现实，然后设法创造条件，使之向着自己的目标方向转化。

◇要有一颗无限空间的心灵。大凡乐观的人往往是憨厚的人，愁容满面的人又总是那些不够宽容的人，他们看不惯社会上的一切，希望人世间的一切都符合自己的理想模式，这才感到顺心。

◇当你变得浮躁、悲观之时，不如冷静地承认发生的一切，放弃生活中已成为你负担的东西，终止不能取得结果的活动，并重新设计新的生活，让自己的人生桌面换上属于自己的壁纸。

当你发现自己不会因为任何外在的改变而改变时，你就不会再因为一时的得意而沾沾自喜，也不会因为一时的失意而捶胸顿足；同样，你也不会因为别人的成就而感到暗淡，也不会因为别人的侮辱而冲动。

忙碌让你忘记痛苦

詹姆斯·墨塞尔是哥伦比亚师范学院的教育学教授。他在这方面说得很清楚："痛苦最能伤害到你的时候，不是在你有所行动的时候，而是在你没有什么事可做的时候。那时候，你的想象力会混乱起来，使你想起各种荒诞不稽的可能，把每一个小错误都加以夸大。在这种时候，你的思想就像两部没有载货的汽车，乱冲乱撞，撞毁一切，甚至自己也会变成碎片。消除痛苦的最好办法，就是要让你自己忙碌起来，去做一些有用的事情。"

如果我们觉得生活郁闷，做什么事都提不起精神，这时不妨让自己的手头忙起来，用行动驱除忧闷，这样你就会不知不觉地快乐起来。

苏茜是一位五十多岁的美国女性，她婚姻幸福，有两个十多岁的女儿，她自己开了一家公司，专门为名人制作特许产品。她还是一位艺术家，她梦想开办个人画展——墙上挂满了画，被家人朋友簇拥着，用香槟酒招待来宾。

苏茜在纽约大学读研究生，研究电影制作。苏茜女士游泳游得不错，网球也打得不错，还是一位技术不错的摄影师。她滑雪、玩帆船、还做得一手好菜，喜欢招待朋友。她很有学问，风趣诙谐，是一个充满了快乐的人。

苏茜知道怎么寻找乐趣。她始终保持精力充沛的秘密就是主动找事做。如果邻居家的玫瑰花开得特别好看，她就会带着相机从自己家里飞奔出来给这些花拍照，而且会一连用掉三卷胶卷。然后她会为此画一幅粉笔画，去参加园艺展。她在不断奔忙中找到乐趣。如果她星期六早上在农产品的集市上买了十几个绿色鸡蛋，晚餐时她就会找几个邻居到家里的露台上一边吃煎蛋卷，一边看日落。高高兴兴地到处找事做，永远忙个不停——这就是她的快乐秘诀。

当我们开始行动起来时,整个世界似乎都会与我们的目标协调一致。我们的心中也会像满帆的船只一样,充满了前进的乐趣。因此,如果你要取得内心的快乐,就要紧随心灵的声音。

不管是哪个心理治疗医生,他都能告诉你:工作——让你忙着——是精神病最好的治疗剂。

已故的哈佛大学医学院教授李察·柯波特博士说:"我很高兴看到工作可以治愈很多病人。他们所感染的,是由于过分迟疑、踌躇和恐惧等等所带来的病症。工作所带给我们的勇气,就像爱默生永垂不朽的自信一样。"

要是你和我不能一直忙着——如果我们闲坐在那里发愁——我们会产生一大堆被达尔文称之为"胡思乱想"的东西,而这些"胡思乱想"就像传说中的妖精,会掏空我们的思想,摧毁我们的行动力和意志力。萧伯纳把这些总结起来说:"让人愁苦的原因就是,有空闲来想想自己到底快不快乐。"

所以不必去想它,摩拳擦掌地让自己忙起来,你的血液就会加速循环,你的思想就会开始变得敏锐。

PART2 敢于认识你自己

看清镜子里的你

生活中,很多人习惯把别人当做认识自己的镜子,透过别人来看自己。而事实上,那面最明亮的镜子正是自己。

自欺欺人改变不了人们眼中的事实,所以,人都需要以"己"为镜,看清自己,认识自己,随时正衣、去污,保持真实的自己,从而做一个高情商的人,生活才能潇洒自如。

著名的理论物理学家爱因斯坦的一些奇闻逸事在哈佛学子中一直广为流传。在普林斯顿大学授课时,爱因斯坦曾这样讲述:

"昨天,"爱因斯坦父亲说,"我和我们的邻居约翰大叔去清扫南边工厂的一个大烟囱。那烟囱只有踩着里边的钢筋踏梯才能上去。你约翰大叔在前面,我在后面。我们抓着扶手,一阶一阶地爬了上去。下来时,你约翰大叔依旧走在前面,我还是跟在他的后面。后来,钻出烟囱,我们发现了一件奇怪的事情:你约翰大叔的后背、脸上全都被烟囱里的烟灰涂黑了,而我身上竟连一点烟灰也没有。"

爱因斯坦的父亲继续微笑着说:"我看见你约翰大叔的模样,心想我肯定和他一样,脸脏得像个小丑,于是我就到附近的小河里去洗了又洗。而你约翰大叔呢,他看见我钻出烟囱时干干净净的,就以为他也和我一样干净,于是只草草洗了洗手就大模大样上街了。结果,街上的人都笑痛了肚子,还以为你约翰大叔是个疯子呢。"

爱因斯坦听罢,忍不住和父亲一起大笑起来。父亲笑完了,郑重地对他说:"拿别人做镜子,白痴或许会把自己照成天才的。"

爱因斯坦听后顿时满脸愧色。

原来,小时候的爱因斯坦总是喜欢和一群顽皮的孩子在一起,不爱学习。父亲的话让爱因斯坦醒悟过来,从此以后,他告别了那群顽皮的孩子,爱因斯坦时刻用自己做镜子来审视也映照自己,终于映照出了他生命的熠熠光辉。

其实,谁也不能做你的镜子,只有自己才是自己的镜子。拿别人做镜子,白痴或许会把自己照成天才。这是爱因斯坦的父亲对这个故事的总结。

自己给自己做镜子,就是用自己的目标检验自己的行动。这一辈子,你想做个什么样的人?你想办成什么样的事?你想学到什么样的知识?你想达到什么样的高度?你想让自己的人生如何

度过？如果你不想让生命虚度，你就应该每天用自己的理想和目标衡量一下自己的言行。看一看，脸是不是需要洗，手是不是需要动，脚是不是需要走，腰是不是需要挺，你是否真正的认清了自己。

聪明的人认识自己，知道最好的镜子就是自己，聪明的人更善于利用自己这面镜子，为成功作点滴的积累。聪明的你抓紧擦拭自己这面镜子吧！

描绘自己的心灵地图

无论是面对自我，还是面对世界，每个人都有一定的思维方式。思维对一个人的发展来说，是至关重要的，它决定了我们对待自我、对待世界的态度。思维可以说是对于我们所能感知的世界的一个认知缩写，无论这个认知正确与否。

我们可以把思维比做地图。这幅地图并不代表一个实际的地点，只是告诉我们有关地点的一些信息。思维也是这样，它不是实际的事物，而是对事物的诠释或理论。

著名的英国戏剧家王尔德曾经说过："那些自称了解自己的人，都是肤浅的人。"这的确是无可争辩的事实，因为对每个人来说，要想完全了解自己，并不是一件容易的事情。

所以，我们要用思维来为自己描绘一个心灵的地图，这样你才不会迷路，才会真正认识自己。

当帕瓦罗蒂还是个孩子时，他的父亲，一个面包师，就开始教他学习歌唱。父亲鼓励他刻苦练习，培养歌唱的功底。

后来，在他的家乡意大利的蒙得纳市，一位名叫阿利戈·波拉的专业歌手收帕瓦罗蒂做他的学生，那时，帕瓦罗蒂还在一所师范学院上学。在毕业时，他问父亲："我应该怎么办？是当教师还是成为一个歌唱家？"父亲这样回答他："卢西亚诺，如果你想同时坐两把椅子，你只会掉到两个椅子之间的地上。在生活中，你应该选定一把椅子。"

晚上，他失眠了。他在想："唱歌是自己的梦想。我是谁？我明天将成为谁？我的未来是什么？"后来，他想明白了，今天的我要给自己指对前方的路，未来的我一定要成为歌唱家。他忍受失败的痛苦，经过7年的学习，终于迎来第一次正式登台演出。

随后，帕瓦罗蒂应邀去澳大利亚演出及录制唱片。1967年，他被著名指挥大师卡拉扬挑选为威尔第《安魂曲》的男高音独唱者。从此，帕瓦罗蒂的声名节节上升，成为活跃于国际歌剧舞台上的最佳男高音。

当一位记者问帕瓦罗蒂成功的秘诀时，他说："我的成功在于我在不断的选择中选对了自己施展才华的方向。我觉得一个人如何去体现他的才华，就在于他要选对人生奋斗的方向。"

帕瓦罗蒂是一个有思想的人，他选择了适合自己的路，在人生的道路上，他没有迷失，他敢于为自己的心灵描绘地图，他按着这个地图走向了成功。

但是，很多人过早地停止了描绘地图的工作，他们不再汲取

新的信息，而以为自己的心灵地图完美无缺，让自己在原地踏步，不肯向前走，当发现别人的脚步追赶上自己的时候，他们又开始焦虑、迷茫，殊不知，他们已经错过了修改心灵地图的最佳机会。

而那些成功人士往往能自觉地探索现实，永远扩展、冶炼、筛选他们对世界的理解，他们的精神生活也丰富多彩。

所以，我们要有一个属于自己的心灵地图，并不断地修改这幅反映现实世界的心灵地图，要不断地获取世界的新信息，这样你离成功的殿堂才会更近一步。

自知之明让你情商更高

人贵自知，有自知之明的人，知道自己的优点和弱点，知道自己应该做什么，不该做什么，同时也会得出自己能做什么的结论。知道自己想要追求什么，才会变得更强大；懂得避开自己的弱点去做事情，就会减少错误的机会。这不仅只是自知，还是借鉴他人的经验教训，避免自己走弯路，使自己陷入不利的境地。

一个圆滚滚的鸟蛋，不知为什么，忽然从灌木丛上的鸟窝里骨碌碌地滚了出来，跌在灌木丛下厚厚的落叶上。奇怪的是居然没有跌破，一切完好如初。

鸟蛋得意了，对着鸟窝大声笑着说："哈哈，我是一只跌不破的鸟蛋！你们谁有我这样的本事，就跳下来比试比试看！"窝里的鸟蛋们听了，一个个探出头来看了一眼，吓得忙缩进头说："我们害怕，不敢跳呀。""哼！我早就料到你们没有这个胆量！"地上的鸟蛋神气地向窝里的鸟蛋们大声嘲笑起来。

这只鸟蛋在地上滚来滚去，一会儿滚到一棵小草边，向小草碰了碰，小草连忙仰起身子往后让；一会儿鸟蛋又滚到一株树苗边，向树苗撞了撞，树苗也仰着身子，给它让路。

鸟蛋更得意了。它认为自己力大无比、天下无敌，更加勇气十足地在山坡上滚过来，滚过去。就在鸟蛋得意之时，被山坡上一块小石头挡住了去路。鸟蛋气愤道："居然敢挡我鸟蛋的去路？"小石头昂着头说："一个鸟蛋对我也如此神气？"鸟蛋更气愤了说："小草和树苗都已经领教过我的厉害，别人怕你小石头，我可不怕。"

这时鸟蛋为了显示它的勇气，不听小石头的警告，鼓足气猛地一滚，向小石头冲去。只听到"啪"的一声，鸟蛋碰得粉碎，流出一滩蛋汁。

小鸟蛋在一次又一次"畅通无阻"之后，过于沉浸于自己取得的成就，沾沾自喜，不能自拔，于是变得盲目自大，更加猖狂。它没有看清自己的处境和地位，以至于敢与比自己强大百倍的石头碰撞，所以它的结局就只能是自取灭亡。

尼采说过:"聪明的人只要能认识自己,便什么也不会失去。"人贵有自知之明,难得真正了解自己,战胜自己,驾驭自己。自以为自知同真正自知不同,自以为了解自己是大多数人容易犯的毛病,真正了解自己是少数人的明智。

客观地评价自己,给自己一个准确的定位,清醒地认识到自己还存在哪些不足,并且在此基础上找到需要改进的地方,加强学习的力度。这样才能够真正有效地提高自己。

哈佛教授告诉我们,自知之明,不仅是一种高尚的品德,更是一种高深的智慧。高情商的人都有自知之明。一方面,他们能看到自己的缺点;另一方面,又会经营自己的优势。

出色源于本色

出色来自本色,自信来自于实力。想要变得出色,那么只要把自己的本色彰显出来,那么我们就是一个优秀的人。

索菲娅·罗兰是意大利著名影星,自1950年从影以来,已拍过60多部影片,她的演技炉火纯青,曾获得1961年度奥斯卡最佳女演员奖。但是在她没出名之前却是一个极为普通的女孩,是什么力量让她发光发彩呢?那是因为她始终相信自己的本色是最出色的。

她16岁时来到罗马,要圆她的演员梦。但她从一开始就听到了许多不利的意见。她个子太高,臀部太宽,鼻子太长,嘴太大,下巴太小,根本不具有一般的电影演员容貌。

制片商卡洛看中了她,带她去试了许多次镜头,但摄影师们都抱怨无法把她拍得美艳动人,因为她的鼻子太长、臀部太"发达"。卡洛于是对索菲娅说,如果你真想干这一行,就得把鼻子和臀部"动一动"。她断然拒绝了卡洛的要求。她说:"我为什么非要长得和别人一样呢?我知道,鼻子是脸庞的中心,它赋予脸庞以性格,我就喜欢我的鼻子和脸保持它的原状。至于我的臀部,那是我的一部分,我只想保持我现在的样子。"

她决心不是靠外貌而是靠自己内在的气质和精湛的演技来取胜。她努力着,奋斗着,终于她用演技征服了每一个观众。而她那些所谓的缺点反倒成了美女的标准。

索菲娅·罗兰在她的自传《爱情与生活》中这样写道:"自我开始从影起,我就出于自然的本能,知道什么样的化妆、发型、衣服和保健最适合我。我谁也不模仿。我从不去像奴隶似的跟着时尚走。我只要求看上去就像我自己,非我莫属……衣服的原理亦然,我不认为你选这个式样,只是因为伊夫·圣·洛郎或迪奥告诉你,该选这个式样。如果它合身,那很好。但如果还有疑问,那还是尊重你自己的鉴别力,拒绝它为好……衣服方面的高级趣味反映了一个人的健全的自我洞察力,以及从新式样选出最符合个人特点的式样的能力……你唯一能依靠的真正实在的东西……就是你和你周围环境之间的关系,你对自己的估计,以及你愿意成为哪一类人的估计。"

索菲娅·罗兰的出色源于她的本色,即使她的本色在别人的

眼里曾是缺点，但是她认为本色是最美的，无需更改，因为她相信终有一天别人会以她的缺点为荣。这是一种自信，更是对自己的肯定。

出色源于本色，是需要我们有足够的自信。自信是我们通往成功彼岸的一座桥梁。自信是一株可以结出硕果的植物。哈佛学子爱默生说得好："自信是成功的第一秘诀，自信是英雄主义的本质。"在我们努力培养自己自信心的同时也不要忘记，你的自信是建立在"出色源于本色"的基础上，不然盲目的自信就变成自负了。

1888年，法国巴黎科学院收到的征文中有一篇被一致认为科学价值最高的论文。这篇论文附有这样一句话："说自己知道的话，干自己应干的事，做自己想做的人！"这是在妇女备受歧视和奴役的19世纪，走入巴黎科学院大门的第一个女性，也是数学史上第一个女教授——38岁的俄国女数学家苏菲娅·柯瓦列夫斯卡娅的杰作。

做本色的"我"，张扬独一无二，除了自我凝聚、甘于寂寞外，还需要勇气。出色源于本色，它是为智慧与才干开路的先导；是向高压与陈规挑战的利剑；是同权威和强手较量的能源。

认清自己的真面目

"请尽快回答10次，我是谁？"一个看似简单却又难以回答的问题，让很多人陷入沉思："我是谁？我是一个什么样的人？

我应该做一个怎样的人?""认识你自己"这句古希腊时就刻在神庙上的名言,至今仍有警示意义。

认清自己的真面目,首先要了解自己的长处和短处,并根据自己的特长来自我设计,量力而行,根据自己周围的环境、条件,自己本身的才能、素质、兴趣等,确定进攻方向,你就会在某一方面有所成就。所以,每一个人都应该正确认识自己的真面目,并坚信"天生我材必有用"。

早晨,一只山羊在栅栏外徘徊,想吃栅栏内的白菜,可是进不去。因为早晨太阳是斜照的,所以山羊看到自己的影子很长很长。"我如此高大,一定能吃到树上的果子,不吃这白菜又有什么关系呢?"它对自己说。

于是,它奔向很远处的一片果园。还没到达果园,已是正午,太阳照在头上。这时,山羊的影子变成了很小的一团。"唉,我这么矮小,是吃不到树上的果子的,还是回去吃白菜吧。"它对自己说,片刻又十分自信地说,"凭我这身材,钻进栅栏是没有问题的。"

于是,它又往回奔跑。跑到栅栏外时,太阳已经偏西,它的影子重新变得很长很长。

此时山羊很惊讶:"我为什么要回来呢?凭我这么高大的个子,吃树上的果子简直是太容易了!"山羊又返了回去,就这样,直到黑夜来临,山羊仍旧饿着肚子。

这则寓言故事看似可笑,却为我们揭示了一个深刻的道理:不能正确认识自我是很多人失败和痛苦的原因。

那么,怎样才能真正认识到自己的真面目呢?

★在比较中认识自我

想要了解自己,那么与别人相比较,是一种最简便、有效的途径。每当我们需要反躬自问"我在某方面的情况怎样"时,就很自然地使用这种方法,去判定自己的位置与形象。我们除了要不时和四周的人相比较之外,还要经常与某些理想的标准相比较。把他们作为比较的对象,以自己能否达到跟他们同样的标准作为成功或失败的衡量尺度。

★从人际态度中反馈自我

一个人总是需要跟别人交往、共处的。因而别人对你的态度,相当于一面镜子,可以观测到自身的一些情况。我们因为看不见自己的面貌,就得照镜子;同样,我们无法准确地衡量自己的人格品质和行为时,就得利用别人对我们的态度和反应,来进行自我判断。一般说来,当对方与自己的关系愈密切时,他的态度也愈有影响力。

★用实际成果检验自我

除了根据别人对自己的态度,以及与别人相比较的结果之外，我们还可以凭借本身实际工作的成果来评定自己。由于这种方法有比较客观的事实作为依据，所以通常因此而建立的自我印象也是比较正确的。这里所指的工作是广义的，并不仅限于课业或生产性的行为。由于每个人所具有的才能的性质互不相同，如果只是看他们在少数项目上的成就，往往不能全面地衡量一个人的能力与作用，很多时候，一部分人的某些才能或许因得不到施展的机会而被淹没。

PART3 接纳真实的自我

最优秀的人其实就是你自己

　　自我肯定的行为可以增加一个人选择的自由度。我们要以真诚的方式表达自己，得到自尊与自重的感受的同时也能尊重别人，才是自我肯定的真谛。在生活中学习自我肯定的行为，以便有效地处理人际关系。

　　晚年的苏格拉底知道自己时日不多了，就想考验和点化一下他那位平时看来很不错的助手。他把助手叫到床前说："我需要一位最优秀的承传者，他不但要有相当的智慧，还必须有充分的信心和非凡的勇气……这样的人选直到目前我还未见到，你帮我寻找和发掘一位，好吗？这是我死前唯一的愿望了，希望你能帮我实现它。"

　　"好的，好的。"这位助手很认真、很坚定地说，"这么多年，您一直很照顾我,把我当亲人般看待,我一直很感激您,我一定竭尽全力去寻找,不辜负您的栽培和信任。"

于是这位忠诚的助手就开始想尽一切办法为自己的老师寻找继承人。然而他找来一位又一位,总不合苏格拉底的心意。有一次,病入膏肓的苏格拉底硬撑着坐起来,抚着那位助手的肩膀说:"真是辛苦你了,不过,你找来的那些人,其实还不如你……"

半年之后,苏格拉底眼看就要告别人世,最优秀的人还是没有找到。助手非常惭愧,泪流满面地坐在病床边,语气沉重地说:"我真对不起您,令您失望了!""失望的是我,对不起的却是你自己。"苏格拉底说到这里,很失望地闭上眼睛,停顿了许久,又哀怨地说:"本来,最优秀的人就是你自己,只是你不敢相信自己,才把自己给忽略、给耽误、给丢失了……"话没说完,一代哲人就永远离开了这个世界。

故事中苏格拉底那位优秀的助手,也许他并不缺少智慧,也不缺少做人的忠诚,却独独缺乏最重要的自信,还有告诉苏格拉底自己就是最优秀的继承者的勇气。

所以,我们要对自己有信心,要学会自我肯定,你想自己是最优秀的,那么你就是优秀的那个人。

当然,自我肯定也要把握一定的要领,你至少要做到如下几点:

◇温和,但不羞怯,因为对自己有信心,就要重视自己的价值。

◇坚持,但不顽固,坚持重要的原则,即使在家人或外人的压力之下也不退却。

◇关怀、重视别人的权益。

◇表达清楚,声调、姿势、态度都能配合语言,让别人或自己清楚感受到你所要表达的内容。

◇勇敢,有自信,不会畏惧压力或嘲笑。

◇有自我价值感,通过与人平等的交往,自己能从别人的尊重中更重视自己为"人"的价值。

英国著名政治改革家和道德家塞缪尔·斯迈尔斯认为,一个人必须养成肯定事物的习惯。如果不能做到这点,即使潜在意识能产生更好的作用,但仍旧无法实现愿望。与肯定性的思考相对的,就是否定性的思考,凡事以积极的方式即是肯定,而以消极的方式则是否定。

人类的思考容易向否定的方向发展,所以肯定思考的价值愈发重要。如果经常抱着否定想法,必然无法期望理想人生的降临。有些嘴里硬说没有这种想法的人,事实上已经受到潜在意识的不良影响了。

一位诗人说过:"不可能每个人都当船长,必须有人来当水手,问题不在于你干什么,重要的是能够做一个最好的你。"把身边的工作做好,你就是最优秀的人。

肯定自我,只有有了乐观而积极的想法,你才会找到新的人生方向和意义。

你是上帝"咬过的苹果"

有位盲人,小时候总为自己的不幸而自暴自弃。而他的母亲却向他说:因为你可爱,上帝忍不住咬了你一口,你是上帝咬过的苹果。在母亲的鼓励下,小盲人发奋努力,终成了一名出色的钢琴师。

金无足赤,人无完人。平凡的你我都有缺点,在茫茫的人生路上也都会遇到这样那样的波折,道理很简单,因为"上帝很馋,见谁咬谁",所以就有了人生种种的遗憾。

有人说,上帝像精明的生意人,给你一分天才,就搭配几倍于天才的苦难。这话真不假。上帝吝啬得很,绝不肯把所有的好处都给一个人,给了你美貌,就不肯给你智慧;给了你金钱,就不肯给你健康;给了你天才,就一定要搭配苦难……当你遇到这些不如意时,不必怨天尤人,更不能自暴自弃,顶好的办法,就是像那个母亲那样去自励自慰:我们都是被上帝咬过的苹果,只不过上帝特别喜欢我,所以咬的这一口更大罢了。

维纳斯雕像因其断臂而平添了一种神秘的美;比萨斜塔由于

地基有缺陷而倾斜，却因此闻名于世；邮票或钞票因其印错而成为收集者的抢手货；铅、锡熔点低，不能做导线，但因此能做保险丝。缺陷是人的有机组成部分，只是看我们是否有能力把劣势转化为优势而已。

有些人，认为自己有了缺陷，所以常常自暴自弃，最终一事无成。有些人却没有把生理缺陷视为自己人生道路上的障碍物，而是从缺陷中获得无可比拟的力量，充分发挥自己的优势，甚至巧妙利用其生理缺陷以获得成功。

有这样一句话：当上帝给你关上一扇门的同时，他也给你开了一扇窗户，那么我们为何不去利用这扇窗户来造就自己呢？我们都是上帝咬过的苹果，但是别忘了，上帝咬的同时也留下了苹果的芬芳，这个芬芳就是我们存活的价值。世界上没有完美的事、完美的人，那么就让我们在不完美中寻找完美，从而实现自己的价值吧！

优点是靠自己发现的

我们每个人都不会一无是处。人人都潜藏着独特的天赋，这种天赋就像金矿一样埋藏在看似平淡无奇的生命中。对于那些总是羡慕别人，认为自己一无是处的人，是挖掘不到自身的金矿的。

每个人都有自己的特长、优势，要学会欣赏自己、珍爱自己，为自己骄傲。没有必要因别人的出色而看轻自己，也许，你在羡慕别人的同时，自己也正被他人羡慕着。

今天的太阳真好！动物们坐在草地上聊天。

狗熊挪了一下笨拙的身子说:"说实在的，我真羡慕小兔子那么灵活，跑起来像一阵风！"

兔子不好意思了，说:"我真羡慕小刺猬，长着一身刺，谁也不敢欺侮它。"

小刺猬没想到有人会称赞它，高兴地说:"我真羡慕长颈鹿，它能站得那么高，看得那么远，我可不行。"

长颈鹿说:"我真羡慕小猴子，它能爬得像我一样高，但也能到地面上喝水、采草莓，我可办不到。"

小猴子抓抓后脑勺说:"我真羡慕梅花鹿，它能在草地上跑得飞快，我不行。"

梅花鹿的胆子很小，听到这话脸都羞红了。它说:"我真羡慕、羡慕狗熊大伯，它胆子大，力气也大，碰到小树、枯枝挡路，它一巴掌就能把树劈倒。"

狗熊听了这话笑了，它说:"看来，生活不是十全十美的，我们都爱羡慕别人，但是我们也有被别人羡慕的地方。所以我们应该珍爱自己，为自己自豪……"

我们在拥有自己长处的同时，总会在某些方面不如别人。一个人活在世上，受各种因素影响，往往会带上或这或那的不足，如果因此而失去自己的人生定位及目标，无疑是可悲的。

所以，一定要记得我们不会"一无是处"，人人都有闪光点，千万不要一味地计较自己的缺点。在这个世界上，每个人都潜藏着独特的天赋，这种天赋就像金矿一样埋藏在我们平淡无奇的生命中。

1972年，新加坡旅游局给时任总理李光耀交了一份报告，大意是说："我们新加坡不像埃及有金字塔，不像中国有长城，不像日本有富士山，不像夏威夷有十几米高的海浪。我们除了一年四季直射的阳光，什么名胜古迹都没有。要发展旅游事业，实在是巧妇难为无米之炊。"

李光耀看了报告，非常气愤。他在报告上批了一行字："你想让上帝给我们多少东西？阳光，阳光就够了！"

后来，新加坡利用那一年四季直射的阳光，种花植草，在很短的时间里，发展成世界上著名的"花园城市"。连续多年，旅游收入名列全亚洲第三位。

爱迪生说过："使自己的强项得到巧妙发挥，因而始终能克服障碍，达到所期望的目的。"一个人的性格天生内向，不善于表达，却要他去学习演讲，这不仅是勉为其难，而且还浪费了他大量时间和精力。一个人天生有心脏病，你却要他去练习长跑，这不是要他的命吗？

自然界有一种补偿原则，当你在某方面很有优势时，肯定在另一个方面有弱项。而当你在某个方面有缺点时，可能又在另一个方面拥有优点。如果你要想出类拔萃，就必须腾出时间和精力来把自己的强项磨砺得更加锋利。

你是独一无二的

很多时候，人总觉得自己不重要，少个我和多个我没什么区别，而我们真的不重要吗？当然不是！"我"很重要，因为我们就是独一无二的。

你所能做的事，别人不一定做得来。而且，你之所以为你，必定是有一些相当特殊的地方。这些特质是别人无法模仿的。既然别人无法完全模仿你，就不一定做得了你能做的事。那么，他们怎么可能给你更好的意见呢？他们又怎能取代你的位置，替你做些什么呢？

记住！你有义务相信自己很重要。

杰拉德斯·图夫特还是一个八岁的小男孩时，一位老师问他："你长大之后想成为怎样的人？"他回答："我想成为一个无所不知的人，想探索自然界所有的奥秘。"图夫特的父亲是一位工程师，因此想让他也成为一名工程师，但是他没有听从父亲的

意见。"因为我的父亲关注的事情是别人已经发明的东西,我很想有自己的发现,做出自己的发明。因为我相信自己是独一无二的,而且我会成功。"正是有着这样的渴求,当其他孩子正在玩耍或者在电视机前荒废时光的时候,小小的图夫特就在灯前彻夜读书了。"我对于一知半解从来不满足,我想知道事物的所有真相。"他很认真地说。

图夫特告诫我们要保持自我,做独一无二的自我。正是这样,他才知道要走什么样的道路。在现实生活中,我们可以成为一名科学家,可以去做医生,但是一定要做独一无二的人,要知道模仿他人只会葬送自己。

那么想要活得独一无二就要正确地认识自己。回答下面的测试题,看看你是否能够认识自己吧!

1．做事不能坚持到底。

2．经常心神不宁和焦躁不安。

3．不爱脚踏实地地工作,成天无所事事,且爱发脾气。

4．经常头脑发热,有盲从心理,譬如对于炒股票、期货等,不了解也会购买。

5．好高骛远,不切实际,经常跳槽换工作。

6．遇到事情好急躁,不能控制感情。

7．把恋爱当成好玩的游戏,寻找异样的刺激,打发自己的空虚和无聊。

8．求职时往往想着大城市、大企业、大单位,向往高收入、高地位，不能正确评估自己的分量，结果处处碰壁。

9. 总是渴望和力求结识比自己优越的人，而对不如自己的人则爱答不理，希望从交往对象那里获得好处。

测试结果：

每题都回答"是"或"否"。如果你对上述9个问题当中至少有6个问题回答"是"，那么毫无疑问，你是一个比较浮躁的人，总是认不清自己。而如果你的大部分答案是"否"，那么你不但沉稳，对自己的认识也是比较透彻的。

从现在开始，喜欢你自己，愉快地接纳你自己。要知道，我们每个人都是一个独特的个体，在这个世界上是独一无二的，每一个人都有属于自己的位置。一个人只有全面地接受自己，才能走出自卑、自责的心灵沼泽，活出精彩的自己。

了解自己的不足

正视自己的缺点，才能真正地认识自己。这正是哈佛一贯秉承的教育理念。哈佛教授斯蒂芬·杰·古尔德说："人不可能没有弱点，一个伟人的人善于放大优点，缩小缺点，失败的人往往因为自身的弱点而败了一生。"

金无足赤，人无完人。没有一个人是完美无瑕的，难道有缺点和不足就注定要悲哀，要默默无闻，无法成就大事吗？其实，只要你把"缺陷、不足"这块堵在心口上的石头放下来，别过分地去关注它，它也自然不会成为你的障碍。假如能善于利用你那

已无法改变的缺陷、不足，那么，你仍然是一个有价值的人。

亨利3岁时被高压电流击伤，因双臂坏死而截肢致残。在这之后，父母将他送到附近的一座残疾人孤儿院去，他在那里住了整整16年。亨利很爱学习，开始亨利用嘴叼着笔写字，由于离纸太近眼睛疼痛，于是他改用脚写字，他在孤儿院上完了中学。

回到故乡后亨利开始边工作边学习，他在一个师范学院学习文学专业。他并不想当老师，只是想完善自己，他和其他普通大学生们一样要做作业，通过各门测验和考试。亨利通过训练能够自己照顾自己的生活。他还能够处理一些简单的家务。

后来，亨利成了家，他的妻子琼斯说："亨利很聪明，要是有什么事情做不了，他就会琢磨该怎么办。他是一个优秀绘图员，他会修各种电器，搞得懂所有的电路。他总是一刻不停地干这干那，他还改过裙子呢，又是量，又是画线，又是剪，最后用缝纫机做好。在家乡他挺知名的，一天到晚总是吹着口哨或哼着歌儿，是个无忧无虑的快乐人。"

亨利喜欢唱歌，参加过巡回演出团。他常常到孤儿院去义演。他和他16岁的儿子一起录制磁带送给朋友们。他靠600美元的退休金和妻子微薄的工资度日，生活过得十分清苦。但是，对于他来说，他是幸福的。

亨利知道自己的缺陷，但他没有自卑，而是努力做了正常人都无法去做的事情。人没有完美的，总会有这样或那样的缺点，重要的是，我们如何把不足与缺陷化为动力，去完成自己的梦想。

我们每个人都应该知道一件事：这个世界上没有十全十美的人！唯有真心诚意地接纳自己的人，才能正确对待自己的缺点，才能克服外界的阻力取得成功。

在离戴尔家一分钟行程的地方，是片原始未开发的森林。戴尔常带了小猎犬雷克斯到森林里散步，由于一向很少在森林公园内碰见其他的人，也就不给小狗使用皮带或口罩，而让小狗自由奔跑。

一天，戴尔和他的狗在公园内碰见一位骑警，那位警察显然很想显示一下自己的权威。

"为什么让这只狗到处乱跑？为什么不用皮带或口罩？你知道这是犯法的吗？"他指责道。"是的，我知道。"戴尔温和地回答，"我以为在这种荒无人烟的地方，不会有什么危险。""法律可一点也不在意你怎么以为。这只狗很可能会咬伤小孩或松鼠，知道吗？我这次不处罚你，下次如果让我看到了，一定罚你。"

一日下午，戴尔又带了雷克斯到公园里去，还是没给狗戴上口罩，忽然，他又见到那位被法律所赋予权力的权威人物。戴尔被逮个正着。所以不等骑警开口，戴尔便真诚地说："警官先生，我是被你逮个正着，罪证俱在。我接受你的处罚。""是啊，我是这么讲过。"骑警的语气相当温和。戴尔回答："我又违反了法律的规定。""啊，一只这么小的狗，应该不会伤到什么人。"骑警没表示同意。"但它可能咬伤了小松鼠。"戴尔又说道。"啊，别把事情看得太严重了。"警察告诉戴尔，"我告诉你怎么办。把这只小

狗带到我看不见的地方去。"

本来应该被罚款的戴尔,由于主动说出自己的错误,反而得到了骑警的谅解。为什么会这样?原因很简单——当戴尔一再谴责自己的时候,对知错就改的戴尔采取一种宽大的态度比为此惩罚他更能满足骑警的自尊心。遇事即刻承认错误,毫不掩饰,也毫不退缩。很多事情就能在彼此立场对换的情况下,完满结束。

当一个人将自己的缺点或不足坦然地呈现于自己与他人面前时,其结果也许不会像他预先设想的那么糟。人们不但不会看不起他,反而会感受到他的真诚。如果逃避缺点,缺点就会不断变大,以至于使我们在人生的重大问题的决择上犯下错误。

不要太在乎别人对你的看法

舆论是世界上最不值钱的商品,每个人都有一箩筐的看法,随时准备加诸于别人身上。不管别人怎么评价,都只是他们单方面的说法,并且有很多是没有经过认真思考的,事实上这些评价并不会对我们造成任何影响。说到评价,我们希望听到别人认真的评价,但不管别人怎么说,都不要太在意。

一大清早,鹤就拿起针线,它要给自己的白裙子上绣一朵花,以显出自己的娇艳美丽,它绣得很专注。可是刚绣了几针,孔雀探过来问她:"你绣的是什么花呀?""我绣的是桃花,这样能显出我的娇媚。"鹤羞涩地一笑。"干吗要绣桃花呢?桃花是易落的花，还是绣朵月月红吧。"鹤听了孔雀姐姐的话觉得有理，便把绣好的部分拆了改绣月月红。

正绣得入神时，只听锦鸡在耳边说道："鹤姐，月月红花瓣太少了，显得有些单调，我看还是绣朵大牡丹吧，牡丹是富贵花呀，显得雍容华贵！"

鹤觉得锦鸡说得对，便又把绣好的月月红拆了，重新开始绣起牡丹来。绣了一半，画眉飞过来，在头上惊叫道："鹤姐姐，你爱在水塘里栖息，应该绣荷花才是，为什么要去绣牡丹呢？这跟你的习性太不协调了，荷花是多么清淡素雅啊！"鹤听了，觉得也是，便把牡丹拆了改绣荷花……

每当鹤快绣好一朵花时，总有人提出不同的建议。她只得绣了拆，拆了绣，直到现在白裙子上还是没有绣上任何花朵。

故事中鹤的行为很可笑，但笑过后想想，我们自己是不是也经常这样？

所以做人千万不能像这只鹤一样，一定要有头脑，有自己的判断取向，不随人俯仰，不与世沉浮，这才是值得称道的情商品质。而随波逐流，闻风而动的人，恰是活在他人的价值标准里，终归会迷失自己。

不要让众人的意见淹没了你的才能和个性。你只需听从自己内心的声音，做好自己就足够了。哈佛学者说，自己的鞋子，只有自己知道穿在脚上的感受。我们无论做什么，一定要对自己有一个清楚的认识，不要轻易地被别人的见解所左右，这才是认识

自己和事物本质的关键所在。

以下是坚持自我的一些经验之谈：

◇对别人的看法要平衡，别人并非是先知先觉，他和你我都是一样的平凡。

◇只要认准了方向，就要勇往直前，不要顾及是否会引起别人的嫉恨。

◇选择不喜好闲言碎语的人为友，这将有助于你不再为"别人怎么说、怎么想"而发生恐惧。

◇在处理问题时，相信"别人"和你并无什么本质差异。

◇多想想自己的积极品质。

做人有两种可能，一种是像巴甫洛夫的狗，只听从外来的信息；另一种就是运用自己的脑子，选择能使自己变得更好的想法和做法。你做人是选择前者还是后者？

第三篇

管理自我——成就人生的关键

谁也不能随随便便成功,它来自彻底的自我管理和毅力。
——哈佛大学图书馆墙上的校训

PART1 先接受情绪,再管理情绪

踢走"负面情绪"这个绊脚石

心理学上把焦虑、紧张、愤怒、沮丧、悲伤、痛苦等情绪统称为负性情绪,有时又称为负面情绪,人们之所以这样称呼这些情绪,是因为此类情绪的体验是不积极的,身体也会有不适感,甚至影响工作和生活的顺利进行,进而有可能引起身心的伤害。

最近医学发现,负性情绪极易形成"癌症性格","癌症性格"的具体表现包括:性格内向,表面上逆来顺受、毫无怨言,内心却怨气冲天、痛苦挣扎,有精神创伤史;情绪抑郁,好生闷气,但不爱宣泄;生活中一件极小的事便可使其焦虑不安,心情总处于紧张状态。这些负性情绪则可损害人的免疫系统,诱发癌症。

在2005年的一项调查中显示:80%的哈佛学生,至少有过一次抑郁的经历,有47%的学生曾经达到过崩溃的边缘,有94%

的学生都会感到压力大甚至是喘不过气来。可见，具有负面情绪的人比例如此之大。

我们无法选择将要发生的事情，情绪的到来也没有任何信号。尤其是负面情绪，我们无法阻止负面情绪的产生，但我们可以掌握自己的态度，调节情绪来适应一切环境，生活中大多数的情况下，你完全可以选择你所要体验的情绪，关键在于自己对生活的态度选择。

在2000年美国就作了一项关于1967～2000年心理学文摘的调查，结果发现关于负面心理与关于正面心理研究的论文数目比例相差得太远太远。这项调查中的结果显示：关于愤怒的研究文章有5584篇，关于沮丧的有41416篇，关于抑郁的有54040篇，而关于喜悦的研究文章只有515篇，关于快乐的有2000篇，关于生活满意的有2300篇。结果可以得到一个结论：那就是正面心理与负面心理的比例达到了1∶21，这是一个多么令人吃惊的数字！

总之，所有的负面情绪都是我们修行的绊脚石，我们必须认识它，重视它，超越它，让绊脚石变成我们前进的垫脚石。

控制冲动这个"魔鬼"

在种种消极情绪中，冲动无疑是破坏力最强的情绪之一，它是低情商的表现，每个人在生活中都会遇到不合自己心意的事，这时候如果不保持冷静，不克制自己的冲动行为，就会为此付出代价。一个聪明的人，不会让坏情绪控制自己，而是应该自己去控制坏情绪，成为情绪的主宰者。

生活中许多人，往往控制不住自己的情绪，任性妄为，结果引火烧身，给自己和朋友带来不必要的麻烦。所以，你要学会控制自己的冲动。

一个孩子总是无法控制自己的情绪。一天，他父亲给了他一大包钉子，让他每发一次脾气都用铁锤在他家后院的栅栏上钉一颗钉子。第一天，小男孩共在栅栏上钉了37颗钉子。

过了几个星期，小男孩渐渐学会了控制自己的情绪，栅栏上钉子的数量开始逐渐减少。

渐渐地，他发现控制自己的坏脾气比往栅栏上钉钉子要容易多了。

最后，小男孩发脾气的频率越来越低，栅栏上钉的钉子也越来越少。

他把自己的转变告诉了父亲。他父亲又建议他说："如果你能坚持一整天不发脾气,就从栅栏上拔下一颗钉子。"经过一段时间,小男孩终于把栅栏上所有的钉子都拔掉了。

父亲拉着他的手来到栅栏边,对小男孩说:"儿子,你做得很好。但是,你看一看那些钉子在栅栏上留下的小孔,栅栏再也回不到原来的样子了。当你出于一时冲动,向别人发过脾气之后,你的言语就像这些钉孔一样,会在别人的心里留下疤痕。"

在现实生活中,有人只顾逞一时的口舌之快,很多话不经思考便脱口而出,有意无意地就会对他人造成伤害。伤害一旦造成,再多的弥补往往也无济于事。

所以,作为情绪的主人,我们应该培养自我心理调节能力,这是一种理性的自我完善。这种心理调节能力,在实际行为上则会显示出强烈的意志力和自制力。它使人以平和的心态来面对人生中的起起落落,保持与他人交往时的淡定从容。

有一个发生在美国阿拉斯加的故事。有一对年轻的夫妇,妻子因为难产死去了,孩子活了下来。丈夫一个人既要工作又要照顾孩子,有些忙不过来,可是找不到合适的保姆照看孩子,于是他训练了一只狗,那只狗既听话又聪明,可以帮他照看孩子。

有一天,丈夫要外出,像往日一样让狗照看孩子。他去了离家很远的地方,所以当晚没有赶回家。第二天一大早他急忙往家里赶,狗听到主人的声音摇着尾巴出来迎接。他发现狗满口是血,打开房门一看,屋里也到处是血,孩子居然不在床上……他全身的血一下子都涌到头上,心想一定是狗的兽性大发,把孩子吃掉了，盛怒之下，拿起刀来把狗杀死了。

就在他悲愤交加的时候，突然听到孩子的声音，只见孩子从床下爬了出来，丈夫感到很奇怪。他再仔细看了看狗的尸体，这才发现狗后腿上有一大块肉没有了，而屋门的后面还有一只狼的尸体。原来是狗救了小主人，却被主人误杀了。

丈夫在一刀杀狗带来的痛快之后，很快就尝到了痛苦的滋味。这不能不说是件很遗憾的事。所以在遇到一些情况时，我们需要的是冷静，而非冲动。

大多数成功者都是能够对情绪收放自如的人。这时，情绪已经不仅仅是一种感情的表达，更是一种重要的生存智慧。如果不注意控制自己的情绪，随心所欲，就可能带来毁灭性的灾难。情绪控制得好，则可以帮你化险为夷。

所以，我们要学会控制自己的情绪，不能放纵自己。

★用理智战胜冲动

理智者遇上不顺心之事，一般都能三思而后行。除了那些丧失理智和法律意识淡薄之人外，正常人都有一时激愤或消沉的时候，这是个危险时段，很多不正确的判断常常是在这不冷静的时刻作出的。判断失误必然导致行为欠妥，如果人们能在最短的时间内让头脑降温，就会迅速熄灭危险的导火线。

★提高文化素养

能否理智行事与文化程度的高低成正比。这点和深圳法院的调查报告完全吻合："冲动杀人的罪犯最多仅有初中以下文化程度，文化程度低下，缺乏自控能力是逞一时之快杀人的重要原因。"众所周知，法律对一些欲铤而走险的人能起警示作用，可是，如果文化程度低下，加之法律意识淡薄，"无知无畏"，那就极其容易走向犯罪的深渊。

★用外人的眼光看问题

"当局者迷，旁观者清"，这话不无道理。在日常生活中，我们每个人都曾做过局外人观看过别人吵架，这时候，无论是哪一方的言行，其失当和偏颇之处你大多能觉察。因此，如果人们能以局外人的头脑，观察自己，则善莫大焉。

"冲动是魔鬼"，我们应该时刻谨记这句话，并在我们情绪失控的时候以此来加以制止。任何事情都应该三思而后行，一时的冲动只能让结果变得更坏。

为情绪找一个出口

尽管自控是控制情绪的最佳方式，但在实际生活中，始终以积极、乐观的心态去面对不顺心的外部刺激，是非常难做到的。所以，人们在控制情绪时常常综合应用忍耐和自控的方法，而且，为了顾忌全局，暂时忍耐的方法用得更多。所以，尽管在面对不愉快时会努力做到自控，但并非能做到真正的洒脱，还需要依靠个人的忍耐力。然而，每个人的忍耐力都是有极限的，当情绪上的烦躁、内心的痛苦累积到一定程度，最终会非理性地爆发出来。所以，在实际生活中，不能一味地操之在我，还要懂得适当地宣泄，为自己的坏情绪找一个"出口"，将内心的痛苦有意识地释放出来，而非不可控地爆发。

这天晚上，汉斯教授正准备要睡觉了，突然电话铃响了，汉斯教授接起了电话，是一个陌生妇女打来的电话，对方的第一句话就是："我恨透他了！""他是谁？"汉斯教授感到莫名其妙。"他是我的丈夫！"汉斯教授想，哦，打错电话了，就礼貌地告诉她："对不起，您打错了。"可是，这个妇女好像没听见，如竹桶倒豆子一般说个不停："我一天到晚照顾两个小孩，他还以为我在家里享福！有时候我想出去散散心，他也不让，可他自己天天晚上出去，说是有应酬，谁知道他干吗去了！……"

尽管汉斯教授一再打断她的话，告诉她他不认识她，但她还是坚持把话说完了。最后，她喘了一口气，对汉斯教授说："对不起，我知道您不认识我，但是这些话在我心里憋了太长时间了，再不说出来我就要崩溃了。谢谢您能听我说这么多话。"原来汉斯教授充当了一个听众。但是他转念一想，如果能挽救一个濒临精神崩溃的人，也算是做了一件好事。

情绪应该宣泄，但宣泄应该合理。错误的做法不但于事无补，反而会使问题进一步恶化，给自己带来更大的伤害。

对于情绪的宣泄，可采用如下几种方法：

★直接对刺激源发怒

如果发怒有利于澄清问题，具有积极性、有益性和合理性，就要当怒而怒。这不但可以释放自己的情绪，而且是一个人坚持原则、提倡正义的集中体现。

★借助他物出气

把心中的悲痛、忧伤、郁闷、遗憾痛快淋漓地发泄出来，这不但能够充分地释放情绪，而且可以避免误解和冲突。

★学会倾诉

当遇到不愉快的事时，不要自己生闷气，把不良心境压抑在内心，而应当学会倾诉。

★高歌释放压力

音乐对治疗心理疾病具有特殊的作用，而音乐疗法主要是通过听不同的乐曲把人们从不同的不良情绪中解脱出来。除了听以外，自己唱也能起同样的作用。尤其高声歌唱，是排除紧张、激动情绪的有效手段。

★以静制动

当人的心情不好，产生不良情绪体验时，内心都十分激动、烦躁、坐立不安，此时，可默默地侍花弄草，观赏鸟语花香，或挥毫书画，垂钓河边……这种看

似与排除不良情绪无关的行为恰是一种以静制动的独特的宣泄方式，它是以清静雅致的态度平息心头怒气，从而排除沉重的压抑。

★哭泣

哭泣可以释放人心中的压力，往往当一个人哭过之后，发现心情会舒畅很多。

人不能没有脾气，尽管你是有涵养的人，也不免有时要发一下脾气。遇事不如意，看人不顺眼，因而生气，几乎成为这个社会中屡见不鲜的事了。不过，即使屡见不鲜，并非无碍，也不一定是好事。发脾气之所以成为问题，乃在于自己所说的话太刻薄，所做的事太过分，不但会刺伤人家的心，使自己后悔莫及，而且还会把事情弄砸了，把人际关系也弄僵了，这就是发脾气的恶劣后果。

所以，我们一定要记住：当你想要发脾气的时候就要给自己的情绪找一个适当的宣泄口。

愤怒是一种毒药

愤怒是一种常见的消极情绪，它是当人对客观现实的某些方面不满，或者个人的意愿一再受到阻碍时产生的一种身心紧张的状态。在人的需要得不到满足，遭到失败，遇到不平，个人自由受限制，言论遭人反对，无端受人侮辱，隐私被人揭穿，上当受骗等多种情形下人都会产生愤怒情绪。愤怒的程度会因诱发原因和个人气质不同而有不满、生气、愤怒、恼怒、大怒、暴怒等不同层次。

一般而言，生气的原因可归类为下列几种：

◇当你因某种因素感到受挫、受胁迫或被他人轻蔑时。

◇当我们着实受到严重伤害，但为了掩饰自己的脆弱，于是代之以愤怒，以求自卫。

◇当某种情境或某人的行为勾起我们昔日某种不堪的回忆时。

◇当我们觉得自己的权利受到剥夺，或遭到某人误解时。

◇当我们受到惊吓或处事不当时，自己生自己的气。

莎士比亚说："不要因为你的敌人燃起一把火，你就把自己烧死。当你发怒的时候，怒火也许会烧及他人；但一般情况下，它是向内烧——烧的是发怒者个人的身心健康。"

人们时刻都要管理好自己的情绪，尤其在人生的一些关键时刻。当我们生气的时候要冷静下来确实有点难度，但如果不控制怒气，只会损失过多。

1943年，二战著名将领巴顿在去战后医院探访时，发现一名士兵蹲在帐篷附近的一个箱子上。巴顿问他为什么住院，他回答说："我觉得受不了了。"医生解释说他得了"急躁型中度精神病"，这是第三次住院了。

巴顿听罢大怒，他痛骂了那个士兵，用手套打士兵的脸，并大吼道："我绝不允许这样的胆小鬼躲藏在这里，你的行为已经损坏了我们的声誉！"

第二次来，巴顿又见一名未受伤的士兵住在医院里，顿时变脸,问:"什么病?"士兵哆嗦着答道:"我有精神病,能听到炮弹飞过,但听不到它爆炸(炸弹休克症)。"巴顿勃然大怒,骂道:"你个胆小鬼!"接着打他耳光:"你是集团军的耻辱,你要马上回去参加战斗,但这太便宜你了,你应该被枪毙。"说着抽出手枪在他眼前晃动……

很快,巴顿的行为传到艾森豪威尔耳中,他说:"看来巴顿的前途已经达到顶峰了……"

学会制怒是让自己心态平和最关键的一步,只有情商较低的人才会不懂控制怒火,成为怒气伤害的对象。对于怒火要学会自我疏导,而非一味克己忍让,只有让它用一个合适的渠道发泄出来才不至伤人伤己。情商的高低与人们对自我情绪的管理能力有莫大的关系,它将决定一个人成就的大小。

具体而言,我们可以采取以下方法来控制自己的愤怒:

★正面行动

愤怒提醒了我们,世事并非都如人所愿。不满是一件极富正面意义的事,少了它,人们就只会接受现状,而不会为了迈向自己的目标,采取任何行动。英国妇女如果未曾因自己被掠夺公权而感到愤怒,那么她们也就不会为了投票权而抗争了。

★缓解压力

表达愤怒可以疏解压力,否则压抑的情绪可能会导致焦虑,甚至疾病,这些症状均可借由愤怒的宣泄得到疏解。然而这并不意味着,我们必须将愤怒直接发泄在生气的对象身上。

★更为开诚布公

愤怒可以使得双方关系更开诚布公,进而互相信赖。如果你知道某人愿意和你谈谈最为棘手的核心问题,而非只是将其含糊带过,假装好像不存在似的,那么双方的关系就有改善的希望。

◇情感疏通

倘若我们在情绪产生时,能够确实触及自己真正的感受(包括愤怒在内),并加以适当处理,那么我们则较没机会将那些未表达或封闭的情绪囤积起来,可以避免巨大的内在压力或严重的沟通不良。

★实现目标

不容忽略的是,存在愤怒情绪中的能量,同样是一股实现目标的动力。如果运用得当,它将能够帮助我们成为一个有自信、坚定的人,能够适当地表达自己的内在感受,并且得到自己生命中梦寐以求的事物。但请务必谨慎处理。

哈佛学者告诉我们:"生气,是一种毒药!"我们不能让自己的情绪只停留在问题的表面,我们必须学习"转念""少点怨,多点包容""多洒香水、少吐苦水",让负面的思绪远离,而用乐观的正面思绪来迎接人生。

好情绪是心灵的特效良药

哈佛学子爱默生说:"唯有具有最高尚的和最快乐的性格的人才会有感染周围人的快乐。"好情绪就是一种特效良药,它可以赶走忧伤、痛苦，最重要的是好情绪就是把握现在的快乐。

大卫·葛雷森说："我相信，现在未能把握的生命是没有把握的；现在未能享受的生命是无法享受的；而现在未能明智地度过的生命是难以过得明智的。因为过去的已去，而无人得知未来。"

莎士比亚说："在时间的大钟上，只有两个字——现在。"如果你是为往事而悔恨，为未来的事情而担忧，那你就是生活在乌托邦之中。这是人的一生中最有害的两种情绪，它不但不会帮你改变过去与未来，还会使你陷入惰性与悲观的泥潭，并会令你失去最宝贵的现在！决定一个人心情的，不在于环境，而在于心境。

一位知名学者是单身汉的时候，和几个朋友一起住在一间只有七八平方米的小屋里。但是，他一天到晚总是乐呵呵的。

有人问他："那么多人挤在一起，连转个身都困难，有什么可乐的？"学者说："朋友们在一块儿，随时都可以交换思想、交流感情，这难道不是很值得高兴的事吗？"

过了一段时间，朋友们一个个成家了。屋子里只剩下了学者一个人，但是他每天仍然很快活。那人又问："你一个人孤孤单单的，有什么好高兴的？"他说："我有很多书啊！"

几年后，学者也成了家，搬进了一座大楼里。他在一楼，不安静、不安全、也不卫生。有人问他："你住这样的房间，也感到高兴吗？""是啊，我进门就是家，不用爬很高的楼梯；搬东西方便，不必费很大的劲儿；特别让我满意的是，可以在空地上养一丛一丛的花，种一畦一畦的菜，这些乐趣，数之不尽啊！"

过了一年，学者把一楼的房间让给了一位朋友，这位朋友家有一个偏瘫的老人。他搬到了楼房的最高层——第七层，可是他每天仍是快快活活的。有人又问："先生，住七楼也有许多好处吧！"学者说："是啊，每天上下几次，这是很好的锻炼机会，有利于身体健康；光线好，看书写文章不伤眼睛。"

有人看他每天都高高兴兴的，就又他问："你一直都有一个好心情，那么这个好心情的秘诀是什么呢？"学者说："其实很简单，决定一个人心情的，不在于环境，而在于心境。好心情就像特效良药一样，让你药到病除。"

其实，人之所以有坏情绪，是因为他们不知道怎么获得一份好心情。每个人都会有磨难与挫折，会遇到这样那样的不如意，面对生命中的这些难题，我们应该如何进行心理调适，走出阴霾呢？以下6种方法，我们不妨一试。

★沉着冷静，不慌不怒

从客观、主观、目标、环境、条件等方面，找出受挫的原因，采取有效的补救措施。

★自我宽慰，乐观自信

能容忍挫折，心怀坦荡，情

绪乐观，发奋图强，满怀信心去争取成功。

★鼓足勇气，再接再厉

要勇往直前，加倍努力，要认识到正是因为生命中的种种不顺利才使我们变得聪明和成熟。

★情绪转移，寻求升华

可以通过自己喜爱的集邮、写作、书法、美术、音乐、舞蹈、体育锻炼等方式，使情绪得以调适，情感得以升华。

★学会宣泄，摆脱压力

找一两个亲近的人、理解你的人，把心里的话全部倾吐出来，摆脱压抑状态，放松身心。

★学会幽默，自我解嘲

幽默和自嘲是宣泄积郁、平衡心态、制造快乐的良方。我们不妨采用阿Q的精神胜利法或幽默的方法来调整心态。

人生在世，不可能事事得意，事事顺心。面对挫折能够虚怀若谷，大智若愚，保持一种恬淡平和的心境，这是人生的智慧。正如马克思所言："一种美好的心情，比十付良药更能解除生理上的疲惫和痛楚。"

甩掉忧虑的包袱

忧虑是一种过度忧愁和伤感的情绪体验。忧虑在情绪上表现出强烈而持久的悲伤，觉得心情压抑和苦闷，并伴随着焦虑、烦躁及易激怒等反应。在认识上表现出负性的自我评价，感到自己没有价值，生活没有意义，对未来充满悲观；还表现在对各种事物缺乏兴趣，依赖性增强，活动水平下降，回避与他人交往，并伴有自卑感，严重者还会产生自杀想法。

一个人为什么会忧虑，其产生原因是多方面的，但主要是由于自我。

忧虑是健康的杀手。曾写过《神经性胃病》一书的约瑟夫·孟坦博士说："胃溃疡的产生，其实不在于你吃了什么，而在于你忧虑什么。"也有著名的医学博士认为："胃溃疡通常是根据人情绪紧张的程度而发作或消失的。"之所以得出这样的结论，是因为许多专家在研究了梅育诊所胃病患者的纪录之后得到证实，有 4/5 的病人得胃病并非是生理因素，而是由于恐惧、忧虑、憎恨、极端的自私以及对现实生活的无法适应而患病的。根据《生活》杂志的报道，胃溃疡现居死亡原因名单的第十位。

柏拉图说过："医生所犯的最大错误在于，他们只治疗身体，不医治精神。但精神和肉体是一体的，不可分开处置。"

忧虑对一个人具有一定的危害性，在生活中，一个经常处于忧虑状态中的人需要从以下3个方面进行心理治疗：

★要积极参与现实生活

如认真地读书、看报，了解并接受新事物，积极参加社会活动，学会从历史的高度看问题，顺应时代潮流，不要老是站在原地思考问题。

★要学会在过去与现实之间寻找最佳结合点

如果对新事物立刻接受有困难，可以在新旧事物之间找一个突破口，从新旧结合做起。

★充分发挥适当忧虑的积极功能

适当忧虑有一种让人深刻反思和不满于现状的积极功能。这方面的功能多一些，那么病态的过度忧虑就会减少。因此，也不应对忧虑行为一概反对，适当忧虑还是正常的。

PART2 管理自我应具备的几种心态

希望：给自己种下"希望的种子"

在心中播下希望的种子，这样你就能够在艰苦的岁月里抱有一份希望，不至于被各种困难吓倒，最终走出困境，达到梦想的目标。世事无常，我们随时都会遇到困厄和挫折。当遇见生命中突如其来的困难时，你都是怎么看待的呢？不要把自己禁锢在眼前的困苦中，眼光放远一点，当你看得见成功的未来远景时，你就会不畏艰难险阻。

哈佛人说，希望是引爆生命潜能的导火索，是激发生命激情的催化剂。自己给生活带来希望的人，每天都将活得生机勃勃、激昂澎湃，我们将忘记叹息和悲哀，不再将生命浪费在一些无足轻重的小事上。

我们生活在一个竞争十分激烈的社会，有时在某方面一时落后，有时困难重重、有时失败连连，有时甚至被人嘲笑……但无

101

论什么时候,我们都不能放弃努力,要为自己播下希望的种子。

留住心中的"希望种子",相信自己会有一个无可限量的未来,心存希望,任何艰难都不会成为我们的阻碍。只要怀抱希望,生命自然会充满激情与活力。

以下建议可以让我们充满希望:

◇越担惊受怕,就越会遭遇灾祸。因此,一定要懂得积极态度所带来的力量,希望和乐观能引导你走向胜利。

◇即使处境危难,也要寻找积极因素。这样,你就不会放弃取得微小胜利的努力。你越乐观,克服困难的勇气就越会倍增。

◇以幽默的态度来接受现实中的失败。有幽默感的人,才有能力轻松地克服困难,有更好的心态面对生活。

◇既不要被逆境困扰,也不要幻想出现奇迹,要脚踏实地,坚持不懈,全力以赴去争取胜利。

◇不管多么严峻的形势向你逼来,你也要努力去发现有利的因素,这样,自信心自然也就增强了。

◇不要把悲观作为保护你的缓冲器。乐观是希望之花,能赐人以力量。

◇当你失败时,你要想到你曾经多次获得过成功,这才是值得庆幸的。如果 10 个问题,你做对了 5 个,那么还是完全有理由庆祝一番,因为你已经成功地解决了 5 个问题。

◇在闲暇时间,你要努力接近乐观的人,观察他们的行为。通过观察和学习,能培养自己乐观的态度,乐观的火种会慢慢地在你内心点燃。

一个人最大的危险是迷失自己,特别是在苦难接踵而至的时候。命运的天空被涂上一层阴霾的乌云,但高情商者始终高昂着那颗不愿低下的头。因为他心中有盏灯,能点亮所有的黑暗,那盏灯就是高情商者永远都不会放弃的希望。无论一个人多么不幸,无论生活有多么难,只要心中有希望,就一定能走出阴霾。

乐观:悲观者的天敌

哈佛告诉学生:积极向上的生活态度,对幸福生活的主动追求,需要你总是乐观,乐观的人总能以阳光的心态迎接生活。

牛顿曾说过:"愉快的生活是由愉快的思想造成的,愉快的思想又是由乐观的个性产生的。"乐观的人总是变通地看待生活和问题,他们总能在困难和不幸中发现美好的事物。他们总向前看,他们相信自己,相信自己能主宰一切,包括快乐和痛苦。

玛格丽特·莫斯是新西兰一位建筑商的女儿,移居美国后,曾在休斯敦一家电视台工作,1990年起任CNN摄影记者。1992年6月,她被派往萨拉热窝进行战地采访。在那里,曾有多名记者丧生。

莫斯在萨拉热窝逗留6个星期,虽然每天都很危险,但是她热爱自己的工作,即使危险,她也勇往直前。然而好运没有一直伴着她。

一天清早,她正在车里,一颗子弹击穿车玻璃,正好击中她的脸部。这是致命的打击,子弹几乎掀掉了她的半边脸,她的颧骨被打得粉碎,牙齿没有了,舌头被打断。送到诊所时,大夫们直摇头,认为她不行了,肯定没存活的希望了。

然而,奇迹就发生了。经过20多次手术后,她又奇迹般地回到了工作岗位。这时的她,下颌仍无感觉,脸部还留着弹片,体重减轻了8公斤,她从一个美丽的女孩变成了一个面部狰狞的人。令大家吃惊的是,她要求重返萨拉热窝。

她幽默地说:"说不定我还能在那里找回我的牙齿。"她甚至想认识一下当初袭击她的枪手。有人问她,见到那个枪手后怎么办。她说:"我会请他喝一杯,问他几个问题,比方说当时距离有多远。"

莫斯面对厄运的乐观态度证明她是一个具有坚韧毅力的女孩,她还用幽默的态度对待悲剧,正是这种乐观的性格,使她能够迅速摆脱挫折的阴影,积极地投入到新的生活中去。

乐观是积极情绪,高情商的人都有一个乐观的心态,所以他们都是幸福的。其实幸福本没有绝对的定义,许多平常的小事往往能撼动你的心灵。能否体会幸福,只在于你的心怎么看待。想要拥有幸福的生活,就要怀有一颗乐观的心。

爱默生经常以愉快的方式来结束每一天。他告诫人们:"时光一去不返,每天都应尽力做完该做的事。疏忽和荒唐在所难免,要尽快忘掉它们。明天将是新的一天,应当重新开始,振作精神，不要使过去的错误成为未来的包袱。"

卡耐基先生有一次曾造访希西监狱，他对狱中的囚犯看起来竟然很快乐感到惊讶。典狱长罗兹告诉卡耐基：因为注重精神面貌的改造犯人都认命地服刑，尽可能快乐地生活。有一位花匠囚犯在监狱里一边种着蔬菜、花草，还一边轻哼着歌呢！他哼唱的歌词是：

事实已经注定，事实已沿着一定的路线前进，痛苦、悲伤并不能改变既定的情势，也不能删减其中任何一段情节，当然，眼泪也无济于事，它无法使你创造奇迹。那么，让我们停止流无用的眼泪吧！既然谁也无力使时光倒转，不如抬头往前看。

哈佛人要我们记住："人要看到事物阳光灿烂的一面。"这个世界应该更加光明、更加美好，如果我们懂得保持快乐是自己的责任，懂得开开心心地生活，那么，这个世界就会美妙多了。每天都快乐地生活，也是让别人幸福的最好保证。

哈佛学者说：高情商的人对生活抱一种乐观的态度，所以他们就不会稍有不如意，就自怨自艾。大部分终日苦恼的人，实际上并不是遭受了多大的不幸，而是自己的内心素质存在着某种缺陷，存在对生活的认识偏差。事实上，生活中有很多坚强的人，即使遭受不幸，精神上也会岿然不动。生活是喜怒哀乐之事的总和。我们必须清楚，不顺心、不如意，是人生不可避免的一部分，这些都不是我们个人的力量所能左右的。明白了这一点，我们就会对生活抱一种达观的态度，而当这种态度占据一个人的心灵后，他就拥有了阳光的心态。

你是个乐观主义者，还是个悲观主义者？你是透过亮丽的镜子，还是灰暗的镜子来看待人生？做完这套试题，你就明白了。

1. 如果半夜里听到有人敲门，你会认为那是坏消息，或是有麻烦发生了吗？

2. 你随身带着安全别针或一根绳子，以防衣服或别的东西裂开了吗？

3. 你跟人打过赌吗？

4. 你曾梦想过赢了彩票或继承一大笔遗产吗？

5. 出门的时候，你经常带着一把伞吗？

6. 你会用大部分的收入买保险吗？

7. 度假时你曾经没预订宾馆就出门吗？

8. 你觉得大部分的人都很诚实吗？

9. 外出度假时，把家门钥匙托朋友或邻居保管，你会把贵重物品事先锁起来吗？

10. 对于新的计划你总是非常热衷吗？

11. 当朋友表示一定会还时，你会答应借钱给他吗？

12. 大家计划去野餐或烤肉时，如果下雨你仍会按原计划行动吗？

13. 在一般情况下，你信任别人吗？

14. 如果有重要的约会，你会提早出门以防塞车或别的情况发生吗？

15. 每天早上起床时,你会期待美好一天的开始吗?

16. 如果医生叫你做一次身体检查,你会怀疑自己有病吗?

17. 收到意外寄来的包裹时,你会特别开心吗?

18. 你会随心所欲地花钱,等花完以后再发愁吗?

19. 上飞机前你会买保险吗?

20. 对未来的生活充满希望吗?

评分标准:

每道题答"是"得1分,答"否"得0分,计算总分。

结果分析:

0~7分:你是个标准的悲观主义者,看人生总是看到不好的那一面。解决这一问题的唯一办法,就是以积极的态度来面对每一件事和每一个人,即使偶尔会感到失望,你仍可以增加信心。

8~14分:你对人生的态度比较正常。不过你仍然可以再一进步,只要你学会以积极的态度来应付人生的起伏,那么你的人生将充满幸福。

15~20分:你是个标准的乐观主义者。看人生总是看到好的一面,将失望和困难摆到一旁,不过过分乐观也会使你对事情掉以轻心,反而误事。

幽默:情绪的开心果

幽默是高情商的表现,它更是管理自我应具备的心态。发现幽默,它是情绪的开心果;应用幽默,它可缓解矛盾,调节心

情，促使心理处于相对平衡状态。著名的喜剧大师卓别林曾说："通过幽默，我们在貌似正常的现象中看出了不正常的现象，在貌似重要的事物中看出了不重要的事物。"

需要强调的是，运用幽默谈吐时，要考虑场合和对象。一般情况下，在日常社交场合中，可多用幽默；在学术性或政治性交往活动中则要慎用幽默，应注意不适当的幽默会削弱听众对主题的注意；对待敌人、恶人则要用讽刺性幽默，以便在用幽默讥讽、鞭挞对方的同时，又不至于失去风度。

一位年轻的画家拜访德国著名的画家阿道夫·门采尔，向他诉苦说："我真不明白，为什么我画一幅画只用一会儿工夫，可卖出去却要整整一年。""请倒过来试试吧，亲爱的。"门采尔认真地说，"要是你花一年的工夫去画它，那么只用一天，准能卖掉它。"那个画家笑了。

门采尔对画家所说的话不仅化解了那个画家的郁闷，而且幽默中蕴涵深刻哲理，让人们在笑声中增长智慧。

真正的幽默是充满智慧的。在日常生活中，常有人由于言语不慎而使我们身处窘境，或是向我们提一些非分的请求，或是问一些我们不好回答或暂时不知道答案的问题。此时，我们如果直接表明"不满意"、"不可能"或"无可奉告"、"不知道",往往会给彼此带来不快。如果我们想从窘境中脱身而出,不妨借用幽默的力量。

有一次,萧伯纳为庆贺自己的新剧本演出,特发电报邀请邱吉尔看戏:"今特为阁下预留戏票数张,敬请光临指教。并欢迎你带友人来——如果你还有朋友。"邱吉尔看到后立即复电:"本人因故不能参加首场公演,拟参加第二场公演——如果你的剧本能公演两场。"邱吉尔善用幽默的特点由此可见一斑。

不仅在生活中如此,即便是在政治上,邱吉尔也能够将这种智慧应用自如。邱吉尔有一个习惯,即洗澡后裸着身体在浴室里来回踱步,以事休息。

二战期间,一次,邱吉尔来到白宫,要求美国给予军事援助。当他正在白宫的浴室里光着身子踱步时,有人敲浴室的门。"进来吧,进来吧。"他大声喊道。

门一打开,出现在门口的是罗斯福。他看到邱吉尔一丝不挂,便转身想退出去。"进来吧,总统先生。"邱吉尔伸出双臂,大声呼喊,"大不列颠的首相是没有什么东西需要对美国总统隐瞒的。"看到此景的罗斯福会心一笑,也被邱吉尔的机智幽默所折服。

就是通过这样直白坦率而又幽默的方式,邱吉尔最终赢得了美国总统的信任,让美国和英国结成了同盟,从而帮助自己的国家走出了困境。邱吉尔的幽默是一种智慧的力量。

然而,幽默并非天生就有,而是需要自己用心培养。那么,

怎样培养幽默感呢？

★**领会幽默的真正含义**

幽默不是油腔滑调，也非嘲笑或讽刺。正如有位名人所言：浮躁难以幽默，装腔作势难以幽默，钻牛角尖难以幽默，捉襟见肘难以幽默，迟钝笨拙难以幽默，只有从容、平等待人、超脱、游刃有余、聪明透彻，才能幽默。

★**观察幽默的人**

我们观察幽默的人，其实从他们身上学会幽默的节奏。幽默的人其实都有一种节奏，你可以通过现场观察来学习。你有意识或者无意识地就学会了别人的这种模式，用一种新的思维方式来替代过去的缺少幽默的方式。俗话说熟读唐诗三百首，不会作诗也会吟，当我们熟读幽默大师的作品时，我们自己的节奏也就会变得幽默了。

★**扩大知识面**

幽默是一种智慧的表现，它必须建立在丰富的知识基础上。一个人只有拥有了审时度势的能力、广博的知识，才能做到谈资丰富，妙言成趣，从而作出恰当的比喻。因此，要培养幽默感，必须广泛涉猎，充实自我，不断从浩如烟海的书籍中收集幽默的浪花，从名人趣事的精华中撷取幽默的宝石。

★**打破常规模式**

如果我们总是处在一成不变的环境中，很容易变得审美疲劳，自然也就缺少了很多幽默的活力。如果我们能偶尔改变一下自己的处境，或者是结识一些新的朋友，我们会发现值得自己高兴的事情有很多。

★陶冶情操

乐观面对现实，幽默是一种宽容精神的体现。要善于体谅他人，要使自己学会幽默，就要学会宽容大度，克服斤斤计较，同时还要乐观。乐观与幽默是亲密的朋友，生活中如果多一点趣味和轻松，多一点笑容和游戏，多一份乐观与幽默，那么就没有克服不了的困难，也不会出现整天愁眉苦脸、忧心忡忡的痛苦者。

★允许自己变成"次等人"

很多人缺少幽默感，就是因为自尊心过于强烈，不允许别人对自己开一点点玩笑。有时候朋友之间会因为好玩而相互地"损"一下，如果你因此而大发雷霆，那么大家都会把你当成地雷敬而远之。正如一次调查所言，没有人愿意和缺少幽默感的人约会。如果我们不允许自己暂时性地变成"次等人"，那么我们就不能自嘲、处于尴尬之中，这样我们也就难以看到自己身上幽默的潜力。

★培养敏锐的洞察力

提高观察事物的能力，培养机智、敏捷的能力，是提高幽默的一个重要方面。只有迅速地捕捉事物的本质，以诙谐的语言作出恰当的比喻，才能使人们产生轻松的感觉。当然，在幽默的同时还应注意，重大的场合总是不能马虎，不同问题要不同对待，在处理问题时要极具灵活性，做到幽默而不俗套，使幽默为人们的精神生活提供真正的养料。

感恩：是一种生活态度

感恩源于一颗懂得珍惜的心灵，更是一种被放大的爱。因为拥有感恩之心的人会主动回馈命运的恩赐，那些爱则会以辐射状向四周散发，惠及身边每一个需要帮助的人。最初，这种感恩之心可能只是一种内在的精神修炼，但是时间长了，便会成为一种惠及他人的广阔胸怀。

懂得感恩的人，不会只把感恩之心停留在精神层面，他们会通过各种方式的行为来回馈命运的恩赐，即使只是对卑微生命的悲悯，却也承载着他们的一番心意。

"我的手还能活动；我的大脑还能思维；我有终生追求的理想；我有爱我和我爱着的亲人与朋友；对了，我还有一颗感恩的心……"谁能想到这段豁达而美妙的文字，竟出自一位在轮椅上生活了30余年的高位瘫痪的残疾人——世界科学巨匠霍金。

感受和感激他人恩惠的能力，是我们维护自己的内心安宁感、提高自己的幸福充裕感必不可少的心理能力。"滴水之恩，当涌泉相报"的原意就是告诉人们要知道回报。在社会中，知道感谢，怀有一颗感恩之心是很必要的，可促进社会各成员、群体、阶层、集团之间的关系相处融洽、协调，促进人与人之间互相尊重、信任、帮助。

在一个小镇上，饥荒让所有贫困的家庭都面临着危机。小镇上最富有的人要数面包师卡尔了,他是个好心人。为了帮助人们度过饥荒,他把小镇上最穷的20个孩子叫来,对他们说:"你们每一个人都可以从篮子里拿一块面包。以后你们每天都在这个时候来,我会一直为你们提供面包,直到你们平安地度过饥荒。"

那些饥饿的孩子争先恐后地去抢篮子里的面包,有的为了能得到一块大点的面包甚至大打出手。面包师注意到一个叫格雷奇的小女孩儿,在别人抢完以后,她才到篮子里去拿最后的一小块面包,她还亲吻面包师的手,感谢他为自己提供食物,然后拿着它回家。面包师想:"她一定是回家和自己的家人一起分享那一小块面包,多么懂事的孩子呀!"

第二天,格雷奇拿着面包到家后,当她妈妈把面包掰开的时候,一个金币从面包里掉了出来。妈妈惊呆了,对格雷奇说:"这肯定是面包师不小心掉进来的,赶快把它送回去吧。"小女孩儿拿着金币来到了面包师家里,对他说:"先生,我想您一定是不小心把金币掉进了面包里。"面包师微笑着说:"我是故意把这块金币放进最小的面包里的。你是一个懂得感恩的女孩子,这块金币算是对你的奖赏。"

故事告诉我们,要想拥有幸福的生活,首先就要怀有一颗感恩的心。

怀着感激去生活,我们便拥有了一份理智、一份平和、一份进取,才不会浮躁、不会抱怨、不会悲观,更不会放弃,人们常说,保持微笑可以延缓衰老,使我们更显年轻,而常怀感激则会

使我们的心永远充满希望，生机盎然。

巴西是一个足球王国，大人小孩都喜欢踢足球。在里约热内卢的一个贫民窟里，有这样一个男孩，他非常喜欢足球，可是又买不起，于是就踢塑料盒，踢汽水瓶。

碰巧有一天，当他在一个干涸的小池塘里猛踢一只猪膀胱时，被一位足球教练看见了，他发现这男孩子踢得很是那么回事，便送给他一只足球。小男孩得到足球后踢得更卖劲了，不久，他就能准确地把球踢进远处随意摆放的一只水桶里。

这时，圣诞节快到了，男孩的妈妈说："我们没有钱买圣诞礼物送给我们的恩人，就让我们为他祈祷吧。"小男孩跟妈妈祷告完毕，向妈妈要了一只铲子跑了出去，他来到教练别墅前的花圃里，开始挖坑。

男孩正在吃力地挖坑的时候，教练从别墅里走了出来，他问小孩在干什么。小男孩抬起满是汗珠的脸蛋，说："教练，圣诞节到了，我没有礼物送给您，我愿给您的圣诞树挖一个树坑。"

过了3年后，这位17岁的小男孩在1958年世界杯上率领巴西队第一次捧回金杯。一个原本不为世人所知的名字——贝利，随之传遍世界。小贝利用自己的实际行动，表达了对教练的爱心和感激，他因此也得到教练的喜爱和培养，最终成为世界球王。

拥有感恩之心的人，会随时得到快乐，正如康德所说："在晴朗之夜，仰望天空，就会获得一种快乐，这种快乐只有高尚的心灵才能体会出来。"

懂得感恩并怀有一颗感恩的心，便如那聚焦镜，把周围人的关爱收集到自己的心里，在阳光下，享受着阳光带来的温暖；而在没有阳光的时候，会用蕴藏在心中的暖意给自己取暖，等待着阳光的再次到来。虽身处一样的红尘，可懂得感谢的人却拥有更多的温暖和幸福。

包容：海纳百川的度量

人与人之间需要包容，包容是海纳百川的度量，包容更能让我们去影响他人，从而成就自己。

服装界有名的商人史瓦兹是一个善于容人的经营者，他的成功就和他善于包容不同个性人才的品格有很大关系。

史瓦兹刚入服装行业的时候，有一次他拿着样衣经过一家小店，却无缘无故地被店主讥讽嘲笑了一通，说他的衣服只能堆在仓库里，再过10年也卖不出去。史瓦兹并未反唇相讥，而是诚恳地请教，这小店主说得头头是道。

史瓦兹大惊之下，愿意高薪聘用这位怪人。没想到这人不仅不接受，还讽刺了史瓦兹一顿。史瓦兹没有放弃，运用各种方法打听，才知道这小店主居然是一位极其有名的服装设计师，只是因为他自诩天才、性情怪僻而与多位上司闹翻，一气之下发誓不再设计服装，改行做了小商人。

史瓦兹弄清原委后，三番五次登门拜访，并且诚心请教。这位设计师仍然是火冒三丈，劈头盖脸地骂他，坚决不肯答应。史

瓦兹毫不气馁，常去看望他，经常和他聊天并给予热情的帮助。这位怪人到最后也很不好意思了，终于答应史瓦兹，但是条件非常苛刻，其中包括他一旦不满意可以随意更改设计图案，允许他自由自在地上班。史瓦兹都一一答应。果然，这位设计师虽然常顶撞史瓦兹，让他下不了台，但其创造的效益很巨大，帮助史瓦兹建立了一个庞大的服装帝国。

善于容人就要掌控好自己的情绪，这样才可能去容忍他人个性上的缺点。这位设计师的脾气不可谓不怪异，甚至有点恃才傲物，但是史瓦兹慧眼识金，懂得他的价值所在，对他的缺点和不足都一一宽容，使他帮助自己走上了事业的成功之路。

包容是心与心的交融，无语胜有声；包容是仁者的虔诚，是智者的宁静。正因为深邃的天空容忍了雷电风暴一时的肆虐，才有风和日丽；辽阔的大海容纳了惊涛骇浪一时的猖獗，才有浩渺无垠。

一个人20多岁时被人陷害，在牢房里待了10年。后来冤案告破，他终于走出了监狱。出狱后，他开始了几十年如一日的反复控诉、咒骂："我真不幸，在最年轻有为的时候遭受冤屈，在监狱度过本应最美好的一段时光。那样的监狱简直不是人居住的地方……"

75岁那年，在贫病交加中，他终于卧床不起。弥留之际，牧师来到他的床边："可怜的孩子，去天堂之前，忏悔你在人世间的

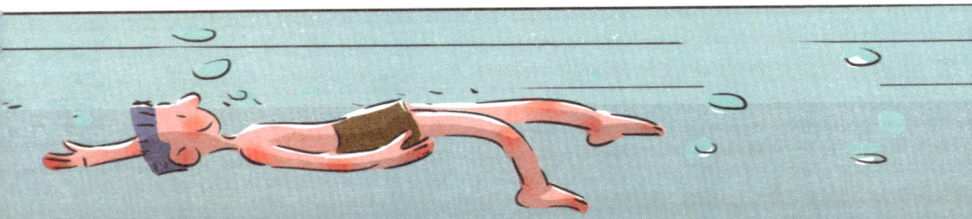

一切罪恶吧……"牧师的话音刚落,病床上的他声嘶力竭地叫喊起来:"我没有什么需要忏悔,我需要的是诅咒,诅咒那些施与我不幸命运的人……"

牧师问:"你因受冤屈在监狱待了多少年?离开监狱后又生活了多少年?"他恶狠狠地将数字告诉牧师。牧师长叹了一口气:"可怜的人,你真是世上最不幸的人,他人因禁了你区区10年,而当你走出监牢本应获取自由的时候,你却用心底里的仇恨、抱怨、诅咒囚禁了自己整整50年!"

人与人之间常常因为一些彼此无法释怀的坚持,而造成永远的伤害。如果我们都能从自己做起,开始包容地看待他人,就能让自己活得更自在、更轻松。

包容是一种大度,一种豁达。包容心能够容纳万物,能够包含太虚。心旷为福之门,心狭为祸之根。心胸坦荡,不以世俗荣辱为念,不为世俗荣辱所累,不为凡尘琐事所扰,不为痛苦烦闷所惊,就会活得轻松、潇洒、磊落、舒心。

面对许多不愉快的事情,如果我们都能够换位思考,那么矛盾就会趋于缓和,误会也能消融。当你熟悉的人伤害了你

时，想想他往日在学习或生活中对你的帮助和关怀，以及他对你的一切好处，这样，心中的火气、怨气就会大减，就能以包容的态度谅解别人的过错或消除相互之间的误会，化解矛盾，和好如初。这样，包容的是别人，受益的是自己。无论在学习和生活中遇到何种不顺利的事情，你都可以在一言一行之间，显示出包容、仁爱的心态，你将因此受用一生。

真诚：真正的快乐

哈佛告诉学生：真正的人格魅力是真诚的自我表露。当你把自己最真实的一面真诚地显示给别人时，你就赢得了信任。

真诚是一种自发、自愿的行为，真诚的心是透明的，没有杂质，它告诉身边的人：我没有撒谎，也没有伪装，我所说的和做的都是自然情感的流露。真诚的人被别人误解了，也会伤心难过，但是至少对自己的心负了责任，无愧于自己。

一位年老的国王膝下无子，便决定从全国所有的孩子中选择一个人来继承他的王位。他把臣民们召集在一起，当众给每个孩子一包花种子，承诺说，3个月内谁能种出最美丽的花朵，就把王位给谁。

每个孩子都小心翼翼地侍弄着属于自己的那包花种。一个黑瘦的小男孩也是，但是他要帮家里干活，只是在每天早上和晚上的时候去看看花盆。3个月的时间很快就到了，他的花盆里却什么都没有长出来。他很伤心。

他妈妈说:"既然国王作出了这个承诺,就算不能够赢得王位,你也应该去给个答复。"

小男孩点点头,抱着空空的花盆到了王宫。那里花团锦簇,其他孩子们手中的花一盆比一盆娇艳,小男孩更羞愧了。

这时,国王走了出来,看着这么多花,似乎心情也很好。他走到愁眉苦脸的小男孩身边,问:"我的孩子,你怎么了?"

小男孩低着头说:"我已经很努力地照顾它了,可还是什么都没有。我来,只是想给你一个交代。"

老国王满意地点点头,然后当众宣布说,他的王位将由这个小男孩继承。因为那些种子都是煮过的,根本不可能开出花来。

用真诚的心对待别人,你才无愧于别人,也无愧于自己。真诚的人,不会弄虚作假,所以他们可以敞开心扉,不怕别人置疑。

真诚,是为人的根本。那些取得巨大成功的、高情商的人都有许多共同的特点,其中之一就是为人真诚。以诚待人,能够在人与人之间架起一座信任之桥,能向对方心灵彼岸靠近,从而消除猜疑、戒备心理,彼此成为知心朋友。

想成为一个高情商的、真正管理好自我的人,真诚是最基本的品质。我们可以从生活中的小细节来体现真诚:

★坦率回答问题

不想暴露自己的弱点,以免降低自己在对方心目中的形象是人之常情。因此有不少人在人前绝不肯承认自己对某个问题不知道，反而装出一副很了解的样子。实际上，对于自己不知道的事情，坦率地说不知道，可以强烈地给人以正直、诚实的印象。

★失误后不辩解

有了失误千万不要为自己辩解，而应诚恳地道歉，然后提出弥补过错的方法。即使无法挽回的事情，也要表示尽量减少损失。这样可以体现你强烈的责任感和诚意，令人刮目相看。

★遵守诺言

不遵守诺言往往使人感到你不诚实。如果你许下了诺言，或者像开玩笑似的作过承诺，对方并不抱有希望，而你一旦忠实地做到了，必定使对方感到意外，也可以使你的诚实更加突出、醒目。

★做陷入逆境者的忠实听众

人们在陷入逆境、心中烦闷、焦躁不安的时候，往往借说话来调解心情。此时，你千万不要急于劝说、安慰他，搞不好会使他更加烦闷，陷入恶性循环之中，要做一个忠实的听众，真诚的倾听者，这样会从不同程度上减少对方的痛苦。

热情：激情的种子

西塞罗说得好："做人如同制酒，坏酒禁不住时间的考验，容易变酸发臭，而好酒却会更显芳香。一旦拥有了热情，我们能够在满头银发时依然保持心灵上的年轻，正如墨西哥湾过来的北大西洋暖流滋润了北欧的土地一样。"热情是激情的种子，人如果没有了热情，生命就像一口枯井，了无生趣。

热情虽然是激情的种子，但是热情与激情还是有所不同。激情，是一根小小的火柴，可以把整个火炬点燃；而热情，正是那把火炬，它不是一时的心血来潮，而是像熊熊燃烧的火炬，路途中遇到的挫折都会被燃成灰烬。

卡耐基说："一个年轻人最让人无法抵御的魅力，就在于他满腔的热忱。"在年轻人的眼里，未来只有光明，没有黑暗，即使会遇到险境，最终也可以转危为安。他不知道世界上还有"失败"这两个字；他相信，人类历史过程中所有的劳作，都是为了等待他的出现，等待他成为真善美的使者。

哈佛学者告诉我们：热情，是一种无法抗拒的力量。每一个深陷困境，备受折磨的人都不能没有它。对生活充满热情的人都有着积极的心态、积极的精神状态。

俄罗斯的一位女大学生说她是凭借热情赢得工作的。她从秘书学校毕业出来，想找一份医药秘书的工作，由于她缺少这方面的工作经验，面试了好几次都没有成功，她就开始运用热情原则。在她去面试的途中，她给自己打气说："我要得到这个工作。"她说，"我懂这个工作。我是一个勤快而好学的人，我能够做好这个工作。医生将会视我为不可缺少的人。"她一再对自己重复这些话。她充满信心地走进办公室，并且热情地回答医生的问题，医生也就雇用了她。几个月以后医生告诉她，当他看到她的申请上写着没有任何经验的时候，他决定放弃她，只是给她一次

形式上谈话的机会而已,但是她的热情使他觉得应该试用她看看。她把热情带进了工作,最终成为一名很好的医药秘书。

一个人成功的因素很多,而其中一个重要原因就是热情,这也是高情商人必备的情操。热情是出自内心的兴奋,能散发、充满到整个人。事实上一个热情的人,等于是有神在他的内心里。热情也就是内心里的光辉——这种炽热的、精神的特质深存于内心。

如果你将热情一天又一天地注入你的生活和事业中,想象一下,你的生活将会变得多么丰富多彩。当你根据你的人生目标确定了你的活动和计划并发扬你天生的强项和喜好后,热情将随期而至。此时你将开始用睁大的眼睛,看到充满希望、奇迹和喜悦的每一天。

PART3 培养有益生活的情商

培养正直

从"正直"的字面意思来说,"正"是指符合标准方向,不偏斜;"直"是不弯曲,不偏斜。"正"与"直"合起来的意思就是公正、直爽。正直的道德内涵是十分丰富的,它既是一种公正的道德意识,又是一种高尚的道德情感,也是一种纯正的思想作风和正当的道德行为。正直的实质是为公还是为私的问题,为公为正,为私为邪;秉公为直,偏私为恶。

哈佛教育学生的准则中有一条是:对自己负责。如果你能通过自己良心的考验,就请坚持下去。英国学者阿瑟·戈森说,正直的人都是抗震的,他们似乎有一种内在的平静,使他们能够经受住挫折,甚至是不公平的待遇。他还说,正直意味着有勇气坚持自己的信念。这一点包括有能力去坚持你认为是正确的东西,在需要的时候义无反顾,并能公开反对你认为是错误的东西。

哈佛教育有一个重要的理念就是做你自己认为正确的事，不要去在意耳边"苍蝇"的吵闹。有些人觉得人言可畏，所以尽量跟随着别人的想法走，却不去考虑事实应该是怎样的。问题的关键在于，你是在意别人对你的看法呢，还是坚持心中的真理呢？

正直之所以可贵，就是很少有人能坚持己见，听取自己心中的意见，拒绝别人的建议，不做自己不情愿做的事。只要你自己认为可以坦然地面对自己，那么也同样能够从容地面对他人。名声有可能是人为造出来的，它的虚和实都很难弄明白，只有你自己才知道自己究竟是一个怎样的人。

那么怎么做一个正直的人呢？

★做一个敢做敢当的人

泰戈尔说："当你把所有的错误关在门外，真理也就被拒绝了。"人非圣贤，孰能无过，况且就是圣贤也都有犯错误的时候。一个人犯了错误并不可怕，可怕的是明明知道自己错了，却不知道悔改，不敢承认错误。所以，要做一个敢作敢当的人，这样自身才会有魅力。

★面对诱惑，做事要有原则

品格高尚是每个成功者必备的要素之一，

因为它激发起各种各样的伟大情怀。拓展视野，即使面对各种恶劣环境，它也能控制你的意志，让你成为受人尊敬的人。

★ 踏踏实实做人，实实在在办事

天道酬勤，不要光耍嘴皮子、好逸恶劳，要勤字当头，尽心尽力、尽职尽责才能成就大事业。不要小事不想做，大事做不了，对工作拈轻怕重好高骛远。干事业要先扫一屋，才能扫天下，要从现在做起，从小事小节做起，从点滴细节做起，做老实人、讲老实话、办老实事才是长久之根本。做人一定先问自己是否实实在在。

★ 做人做事要正派，堂堂正正才是处世之基，立足之本

身正才能安魂梦稳，品行端正做人才有底气，做事才会硬气。心底无私天地宽，表里如一襟怀广。正直的人做事不文过饰非，不偷奸耍滑，不阳奉阴违，平等待人，公正处世才会赢得他人的信赖和尊敬。

★ 做个诚实的人

社会上常常有这样的人，他们圆滑机巧，善于八面玲珑，言不由衷。看起来他们工作卖力，成绩斐然，却拥有一个失败的人生，因为他们这种虚伪的性格使他们交不到一个知心朋友。有的人也许没有辉煌的成绩，没有耀眼的光芒，可他们却因自己诚实可靠的品格赢得了真正的机会，铸造了不一样的人生，这就是做一个诚实的人的收获。

培养独立性格

哈佛大学欣赏的是敢想能做、性格与众不同的学生,以及他们由此表现出来的优秀才能。另外,哈佛大学之所以为社会作出如此大的贡献,也是因为在人才培养及创新方面有一套比较成熟的、与众不同的方法,其中一点就是培养学子的独立性格。

去除依赖,独立完成人生的乐谱,相信你定能奏响生命雄壮的乐章。有的人,总是存在极强的依赖心理,习惯依靠拐杖走路,尤其是依靠别人的拐杖走路,最终的结局是他将一无所有。那么我们就需要从小培养独立性格。

美国总统西奥多·罗斯福十分注重培养孩子们的独立人格。西奥多·罗斯福有句名言:"在儿子面前,我不是总统只是父亲。"他反对孩子们依靠父母过寄生生活,他让孩子们凭自己的本事自食其力。

他的大儿子20岁时去欧洲旅行,一个多月的时间就把带的路费差不多花光了。临回家前他遇到了一匹非常好的马,正好它的主人要卖掉它。他太爱这匹马了,于是就把自己最后的一点路费拿出来,买下了这匹马。

没钱的大儿子这时只有打电报给父亲,希望父亲能寄点路费让他回家。罗斯福很快给大儿子回了一封电报,上面写着:"你和你的马游泳回来吧!"无奈之下,儿子只好又卖掉了马。

在罗斯福的家训中,"独立"一直被作为最鲜明的主题,孩子们从父亲那里得到的是严格的教育。罗斯福经常告诉孩子们:

每个人都是独立的个体，要有自己的思想，要做自己的主人，这样才能一步步走向成功。

哈佛教授总是教育学生：一个杰出的人，是不会依赖别人的，因为他不会让懒惰有机可乘；也只有杰出的人，才更懂得享受自己动手时的美妙体验。

怎么培养一个人的独立性格呢？

★加强自我意识

自我意识是对自己身心活动的觉察。自我意识就是自己对于所有属于自己身心状况的认识。由于个体能洞察自己的思想和行动，因而能对自己的行为进行调节和控制。自我意识的成熟被认为是个性基本形成的标志，它在人的社会化过程中具有相当重要的地位。自我意识是个体社会化的结果，同时，自我意识的形成和发展又进一步推动个体的社会化。

★积极主动

积极主动能让你克服惰性，把注意力集中于未来。在遇到阻力时，想象自己在克服它之后的快乐；积极投身于实现自己目标的具体实践中，你就能坚持到底。

★下定决心

独立性格的体现多表现在遇到事情的决定上，只要我们下定决心，并做出行动，那么事情就成功一半了。美国罗得艾兰大学教授詹姆斯·普罗斯把实现某种转变分为四步：抵制——不愿意转变；考虑——权衡转变的得失；行动——培养意志力来实现转变；坚持——用意志力来保持转变。

雨果曾经写道："我宁愿靠自己的力量打开我的前途，而不愿求有力者的垂青。"只要一个人是活着的，他的前途就永远取决于自己，成功与失败，都只系于他自己身上。而依赖作为对生命的一种束缚，其实是一种寄生状态。

英国历史学家弗劳德说："一棵树如果要结出果实，必须先在土壤里扎下根。同样，一个人首先需要学会依靠自己、尊重自己，不接受他人的施舍，不等待命运的馈赠。只有在这样的基础上，才可能做出成就。"

抛开拐杖，自强自立，这是所有成功者的做法。其实，当一个人感到所有外部的帮助都已被切断之后，他就会尽最大的努力，以坚忍不拔的毅力去奋斗，而结果，他会发现：自己可以主宰自己命运的沉浮。

培养责任感

负责是高情商者成功的关键，成功的优秀人士大多是这样的人：具有高度责任心，工作态度认真，永远抱有激情。一个不负责的人如同一个莽汉，对自己的行为不加约束，不加重视，做事既没有严谨负责的精神和态度，也没有清晰的规划，最终只能接受失败的下场。相反，一个有负责的人，就像一个有计划的工程师，时时刻刻尽力让事情朝着自己想要的方向发展，从而取得成功。

曾经荣获普利策奖的詹姆斯·赖斯顿是在第二次世界大战期间应聘到《纽约时报》的。在此之前，他亲历了德国纳粹对伦敦所进行的狂轰滥炸。孤身一人工作在战火纷飞的伦敦的詹姆斯·赖斯顿非常想念妻子和3岁的儿子。在给儿子的信中，詹姆斯这样写道：

"我周围这些生活在紧张之中的人们，大都有了一种更加强烈的责任感。他们更具爱心，做事更懂得为他人考虑，与此同时，他们也日益坚强起来。他们在为超越他们自身的理想而作战。我觉得那也是你应该为之而努力的理想。

"我想向你强调的是，一个人必须承担他应该承担的责任。这场战争爆发于一个不负责任的年代。我们美国人在本世纪第一次大战快要结束的时候，并没有承担自己的责任。当这个世界需要我们把理想的种子广为播撒的时候，我们却退却了……

"因此，我请求你接受你自己的责任——把美国创建者的梦想变为现实，为着生你养你的这个国家的前途而努力奋斗……简朴人生，勿忘责任。"

哈佛告诉学生：当你降临到这个世界上的那一刻，你就要负起责任。责任并不是一种强加的义务，而是对一个人的基本要求。无论在什么时候，都要勇敢地负担责任，对自己如此，他人更是如此。

责任心承载着一个人的人格，只有负起责任的时候，你才能找回做人的根本。特别是你犯了错误之后，更应该担当起责任。

马克·吐温曾说过:"我们生到这个世界上来是为了一个聪明和高尚的目的,所以必须好好地尽我们的责任。"

负责更多的不是体现一个人的学识、水平和能力,而是体现一个人的品格,体现一个人的价值观和思想境界,是一个人成功的关键所在。一个人要想在事业上有更好的表现,在生活上有更明显的改善,那这就一定要在工作中和生活上对自己的行为负起责任。人一旦树立了这样的思想意识,就会发现以前认为困难的事情,现在会变得轻松起来。越是认真负责,收获的就越多。

一群男孩在公园里做游戏。有个"倒霉"的小男孩抽到了士兵的角色。他要接受所有长官的命令,而且要按照命令去完成任务。

"现在,我命令你去那个堡垒旁边站岗,没有我的命令不准离开。"

"是的,上校。"小男孩快速、清脆地答道。

时间一分一秒地过去了,小男孩的双腿开始发酸,双手开始无力,天色也渐渐暗下来,却还不见"长官"

来解除任务。

一个路人经过,看到正在站岗的小男孩,惊奇地问道:

"你一直站在这里干什么呢?"

"我在站岗,没有长官的命令,我不能离开。"小男孩答道。

"你,站岗?"路人哈哈大笑起来,"这只是游戏而已,何必当真呢?"

"不,我是一名士兵,要遵守长官的命令。"小男孩答道,"其实,我很想知道我的长官现在在哪里。你能不能帮我找到他们,让他们来给我解除任务。"

路人答应了。过了一会儿,他带来了一个不太好的消息:他们都走了。

正在这时,一位军官走了过来,他了解完情况后,便以上校的身份郑重地向小男孩下命令:结束任务,离开岗位。

军官对小男孩的执行态度十分赞赏。他心里想:这个孩子长大以后一定是个出色的军人。他对工作岗位的责任意识太让人震惊了。

军官想得一点也没错,成年后的小男孩在第二次世界大战中立下赫赫战功,两次荣登《时代》杂志的封面,他就是迄今为止美国历史上最后的一位五星上将——布莱德雷将军。

布莱德雷将军的成功与他坚守责任的品质不无关系,因为军人的职责,更加需要坚守。面对一个在游戏中随意下达的任务,布莱德雷也能不打折扣地坚持完成,可想而知,对待其他更重要

的责任，他会完成得更加出色。人生就是一场负重的远征，背负越多的责任，我们获得的成功也就越大。

培养责任感不容易，需要我们从小事、不起眼的事情做起，并要负起重要的责任。负责是成功的关键，我们要把责任看成是自己的义务，看成是自己迈向成功的一段阶梯。只要我们履行好自己的义务，努力走完这段阶梯，成功就在我们面前。

培养勇气

勇气是产生于人的意识深处的对自我力量的确信，是对自我能力能战胜一切的信念，是相信自己可以面对一切紧急状况，处理一切障碍，并能控制任何局面的信心，是穿越重重险阻，历经磨难走向成功的意志。勇气，是一种阳光般的力量，源自于自我潜意识深处的积极暗示。

森林中所有的小动物，一直都快乐地生活着。这片广阔的森林，从来没有发生过什么大的事故。

一日，天神心血来潮，想要测试森林中动物对于危机的应变能力，便从空中挥下了一道闪电，刺眼的电光击中森林中最大的一株树木，惊慌的动物们拼命向森林的外缘奔逃。但它们却不知道，当闪电击中那棵大树，大火燃起的同时，在森林四周，早已由大火引来了无数贪婪的肉食猛兽，它们正张开大口、流着馋涎，等候这些小动物们自己送上门来。

在这片森林的所有动物当中，只有一只小松鼠和其他的动物不同。它没有选择逃难，而是奋不顾身地向着大火冲了过去。小松鼠在森林中一个即将被烈火烤干的水塘中，将自己瘦小的身子完全沾湿，然后再冲进火场，拼命抖洒着身上沾的水珠，希望能缓解正在毁灭森林的火势。

这时，天神化身成为一位老人，站在小松鼠的面前，问道："孩子，你难道不知道你这样的做法根本没有用吗？"小松鼠说道："也许我的力量不足以灭火，但我相信凭着我的努力，至少可以减少森林中几只小动物的丧生。"

只听得老者一声大笑，小松鼠的周遭突然变得清凉无比，大火在一瞬间消失无踪。

温斯顿·邱吉尔说："一个人绝对不可在遇到危险的威胁时，背过身去试图逃避。若这样做，只会使危险加倍。但是如果立刻面对毫不退缩，危险便会减半。绝不要逃避任何事物，绝不！"

巴顿说过："要无畏、无畏、无畏。记住，从现在起直至胜利或牺牲，我们要永远无畏。"

在现实生活中，许多事情都需要勇气作支撑。放弃需要勇气，拒绝需要勇气，尝试需要勇气，冒险需要勇气，有时甚至连说话都需要勇气。一个人如果缺乏勇气，就失去了承担责任的基础，就只能在他人的庇护之下生存，无法面对人生的任何压力和挑战。

所以当生活遭遇困境时，我们不必寻找借口和理由来逃避，只需拥有一点点勇气，我们的世界就会变得不一样。对此，哈佛心理学教授乔治·桑比那说:"勇敢的精神,是一个人最不可缺失的元素。因为人类哪怕每一个微小的进步,都需要勇气作为先导。"

心理学家斯科特·派克也说:"在这个世界上,只要你真实地付出,就会发现许多门都是虚掩的!微小的勇气,能够完成无限的成就。"斯科特同时说:"如果你幸运地与生俱来就有勇气这种品性,那么很值得恭贺;如果你还没有养成这种性格,那么尽快培养吧,人的生命很需要它!"勇气,是一个人成功的必备素质,同时是我们成长中注入生命的"活水之源"。

勇敢是高情商者必备的素质。只有那些自信、做事不退缩、勇敢而富有冒险精神的人,才能成就伟大的事业。在如今生存竞争激烈的社会里,那些做事缺乏勇气的年轻人到哪里都会受到排挤。

哈佛教授告诉学生:有了勇气,才有了力量,才有了胜利的可能。勇气来源于哪里?来源于人的内心力量。有了勇气,随之而来的是证明勇气的智慧。拥有勇气的人是无法战胜的,因为无论何时他们总是充满希望,并以坚韧不拔的意志一路披荆斩棘向前行,直至到达目的地。

第四篇

激励自我——创造完美人生

理性灵魂有下列性质：它观察自身，分析自身，把自身塑造成它所选择的模样，它自己享受自己的果实——它达到自己的目的而不管生命的界限终于何处。无论它在哪里停止，它都使置于它之前的东西充分和完整。

——《沉思录》

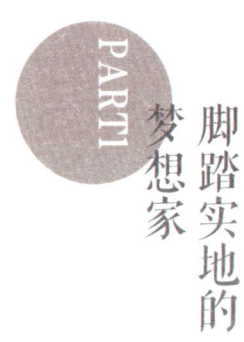

PART 1 脚踏实地的梦想家

设计自己的蓝图,将目标实现

欲成就一番不平凡的事业,拥有一个成功的人生,必须要对自己的职业生涯有个合理规划。因为,只有这样你才会有一个坚定的目标,并且能够扬长避短,朝着这个目标持续前进。

我们可以想象一下,当你背着一个包走在路上,突然前方出现了一堵厚厚的墙,你要怎样去做呢?第一,你会觉得很遗憾,所以掉头回去;第二,可以从包中掏出大锤,砸碎墙然后走过去;第三,先把背包扔过去,然后自己再想办法过去。在这三种情景中,只有第三种做法能保证人一定可以翻墙而过,为什么呢?因为你必须要拿回自己的背包,现在它被扔过去了,所以务必要想办法越过墙,可以砸碎它,可以钻过去,可以绕过去,可以翻过去,或者想出一个没有人尝试过的点子。这和目标设定的原理是一样的,一旦目标设定了,它就会帮助人们重塑现实。

经常设定目标的人在控制其他事情上也会做得很成功。因为通过设定目标可以帮助人聚焦、找准方向,并且带来成功所必需的内部和外部资源。

无数的研究结果表明,一旦将自己的目标和抱负变成书面的东西,那它们变成现实的机会便会大大增加。这是因为在记录的过程中,我们头脑中的抽象思维需要转变成为具体的书面语言——这一过程让我们的计划和具体实施方法变得更加详尽、更加现实。

我们可以为生命做出计划,如拟订10年、5年、3年计划;或拟订最接近此刻的长期一年的计划;最后是短期计划,如一月、一周、一天。

锁定目标,坚定信仰

目标是获得成功的基石,是成功路上的里程碑。目标能给你一个看得见的靶子,一步一个脚印去实现这些目标,你就会有成就感,就会更加信心百倍,向高峰挺进。

著名的发明家爱迪生是一个具有持久心的人。每当他发明一件东西的时候,他都要忍受别人的讥笑和指责,因为他的观念太新了,别人无法接受,有不少人把他的新奇发明视为洪水猛兽。但是，爱迪生能够忍受任何的讥笑，他努力地为自己的发明寻找依据，并争取别人参与试验和试用。相传他在发明电灯的过程中，为寻找适合做灯丝的材料，曾先后试验过1000种材料。当别人嘲笑他的时候，他却回答："在失败999次的同时，我又找到了999种不能用电来发光的材料。"

目标是一种持久的热望，是一种深藏于心底的潜意识。它能长时间调动你的创造激情，调动你的心力。你一旦拥有这种强烈的愿望，就会产生一种原子能般的动力，就会有一种钢铸般的精神支柱。一想到它，你就会为之奋力拼搏，就会尽力完善自我，在艰难险阻面前，决然不会轻易说"不"字。为了目标的实现，去勇敢地超越自我，跨越障碍，踏出一条坦途。

戈德15岁时，偶然听到年迈的祖母非常感慨地说："我这一生没什么目标，如果我年轻时能多尝试一些事情就好了。"

戈德决心自己绝不能到老了还有像老祖母一样无法挽回的遗憾。于是，他立刻坐下来，详细地列出了自己这一生要做的事情，并称之为"约翰·戈德的目标清单"。

他总共写下了127项详细明确的目标。里面包括了10条想要探险的河、17座要征服的高山。他甚至要走遍世界上每一个国家，还想要学开飞机、学骑马。他甚至要读完《圣经》，读完柏拉图、亚里士多德、狄更斯、莎士比亚等10多位大学问家的经典著作。

他的目标中还有要乘坐潜艇、弹钢琴、读完大英百科全书。

当然，还有重要的一项，他还要结婚生子。

戈德每天都要看几次这份"目标清单"，他把整份单子牢牢记在心里，并且倒背如流。

戈德的这些目标，即使在半个多世纪后的今天来看，仍然是壮丽且不可企及的。那他究竟完成得怎么样呢？

在戈德去世的时候，他已环游世界4次，实现了127个目标中的103项。他以一生设想并且努力达到目标，述说他人生的精彩和成就，并且照亮了这个世界。

正如美国成功学家拿破仑·希尔所言："你过去或现在的情况并不重要，你将来想获得什么成就才最重要。除非你对未来有理想，否则做不出什么大事来。一有了目标，内心的力量才会找到方向。"可以说，一个人的成功，首先在于他有一个目标，并坚定目标。

有方向要坚定，没方向要试行

哈佛告诉学生：我们应当坚信，只要朝着自己的目标不断向前，肯定会有好的结果。一个人除非对自己的目标有足够的信心，否则目标很难实现，如果你没有方向，那就需要试行，在摸索中找到属于自己的方向。

德鲁·吉尔平·福斯特是哈佛大学迄今为止唯一的一位女校长，她还是一名历史学家。

作为一位历史学家，她善于用历史的眼光看待现实。她认为

当今世界处在不断的变化之中,因此高等教育也必须适应不断变化的世界形势。她被称为历史上第一位具有"《纽约时报》最为推荐的畅销书作者"称号的校长。

她曾经说:"人们目前所面临的选择是,怎样去定义成功才能使它具有或包含真正的幸福,而不仅仅是拥有金钱和荣誉。人们害怕,报酬最丰厚的选择,也许不是最有价值的和最令人满意的选择。但是人们也担心,如果作为一个艺术家或是一个演员,一个人民公仆或是一个中学老师,该如何才能生存下去?然而,人们可曾想过,如果你的梦想是新闻业,怎样才能想出一条通往梦想的道路呢?难道你会在读了不知多少年研,写了不知多少毕业论文终于毕业后,找一个英语教授的工作?"

答案是:你不试试就永远都不会知道。但如果你不试着去做自己热爱的事情,不管是玩泥巴还是生物还是金融,如果连你自己都不去追求你认为最有价值的事,你终将后悔。人生路漫漫,你总有时间去给自己留"后路",但可别一开始就走"后路"。

生活中,很多人面临毕业后择业的选择。在面对择业的时候,不要徘徊和迷茫,在人生关键的十字路口,首先要清楚自己想做什么和能做什么,把自己的特长和能力挖掘出来,再选择适合自己的职业,然后坚定地走下去,就会闯出一片新天地。此外,在选择自己的职业时一定要把自己的兴趣爱好考虑进去,一个人只有在做自己喜欢的事情时才能感受到快乐和幸福。

虽然,很多时候我们已经很努力,可是成绩并不显著,这就是弄错了方向的缘故。自己不擅长的事,想做好一定很难,所以做事前一定要选对方向。"没有比漫无目的地徘徊更令人无法忍受的了。"这是《荷马史诗》中的《奥德赛》里的一句至理名言。

没有正确方向且不去寻找方向的船很容易在大海中迷失方向,古罗马哲学家塞涅卡曾说过:"有人活着没有任何目标,他们在世间就像河中的一棵小草,他们不是行走,而是随波逐流。"可见,缺乏目标的人是不可能取得成功的,等待他们的只有失败。

所以,每个人都需要有一个方向,并要坚定的走下去。也许我们在选择的进程中会有短暂的迷失,而这就需要我们不断地试行。

苦难是信念的试金石

但有些人一旦遭遇困难就会对自己的追求产生怀疑,并有可能半途而废;但有些人一旦认定自己的目标,就绝不放手,顽强拼搏的精神在他们的身上得到完美的体现。成功的一个很重要的因素，就是心中有崇高的信念，当这个信念变作一种信仰深植于你的心中时，你便不会把目标轻易放弃。苦难和困境，对你来讲正是考验信念是否顽强的机会。

人世间一切卓越的功勋和伟大业绩的建成，都是坚强的信念的结果。当遇到挫折和困境时只要你心中有一个坚定的信念，努力坚持下去，就一定可以渡过难关。

菲尔德是一个登山爱好者，他非常喜欢爬山。他有一个愿望，那就是决心遍游各座名山。他也按着这个愿望一一实现。

有一次，在攀登一座山时，他以为很顺利，却没想到脚下的岩石突然松动滑落，菲尔德猝不及防，被重重地摔到山崖底下，被人送进医院，他在医院昏迷了一个月。当他醒过来时，发现自己少了一条腿。

这个打击让爱好登山的菲尔德崩溃，然而在迷茫后，他又重新找到了希望。他认为苦难让他更加成熟，更加坚定自己登山的愿望。养好伤后的菲尔德拖着那条残腿，决定再去征服那座山崖。有人见了，对他说："你已经失败了一次，并且付出了惨重的代价，难道就不怕再一次失败吗？"

"我并没有失败，"菲尔德坦然地拍着那条残腿说，"我把上次的失败看成是通向成功的垫脚石，它告诉我，下一次，你得小心一点，否则别想登上山顶。现在，至少在爬同一座山的时候，我知道应该当心什么了。这次我一定可以成功的。"

美国现代成人教育之父、著名心理学家卡耐基说，障碍与失败，是通往成功的两块最牢靠的垫脚石。确实如此，成功往往是从失败中孕育出来的。这个世界上能够一帆风顺走向成功的人少之又少，大多数成功人士都是经过摸爬滚打才探索到正确之路。实践是检验真理的唯一标准，苦难是检验信念的试金石。

大文豪高尔基曾说："苦难是人生最好的大学。"生活中，不是因为苦难本身有多么神秘和令人向往，而是因为经历了苦难后，人就会愈挫愈坚，无往不胜。

在低情商的人眼里，苦难是魔鬼；在高情商的人眼里，苦难则是天使。苦难让我们变得坚强，苦难让我们始终保持着清醒的头脑，苦难让我们知道一切都是如此来之不易，苦难能更加坚定了我们的信念。

哈佛智慧教导学生：世界上的任何事物都有其价值，苦难也一样。苦难并不是故意捣乱我们的生活，而是在挑剔我们身上的不足，帮助我们走上成功之路。

PART2 调整心态，成功在望

执著与固执只在一念之间

执著是一种很好的品质，但有时执著过头了，就会变成固执。

哈佛学者告诫我们：固执地坚守某一样事物，并且不愿有丝毫的改进，往往容易偏离目标，铸成大错。

执著地追求某一样东西，是需要智慧的，如果不切实际地坚持一己之见，不接受新事物，也不愿作丝毫的改进，那么，所追求的目标肯定很难实现。

坚持是一种良好的品性，可是问题在于，如果这个目标错误，而他仍要奋力向前，而且又自以为自己意志坚定、态度坚决,那么,由此导致的恶劣后果,恐怕比没有目标更为可怕。因为,在错误的道路上,过分坚持会导致更大的错误。成功者的秘诀是随时检视自己的选择是否有偏差,合理地调整目标,放弃无谓的坚持,轻松地走向成功。

不切实际地一味执著,是一种愚昧与无知,而放弃则是一种智慧。固执自我是我们迈向成功的绊脚石。我们想要跨越生命中的障碍,达到某种程度的突破,向理想中的目标迈进,需要有"放下自我(执著)"的智慧与勇气,去迈向未知的领域。当环境无法改变的时候,你不妨试着改变自己。因为只有懂得变通,懂得顺应潮流,才能找到一条生存之道。学会转换思维,灵活地跨越生命中的各种障碍,对一个人的成长是至关重要的。

随时给自己减压,人生才能轻松

哈佛学者说:"当压力来临时,懂得减压的人才是高情商的人。"有很多人面对压力不是迎难而上,而是闹起了情绪,向别人抱怨、整天闷闷不乐。其实没有必要,你完全有能力控制自己的情绪,把这些不必要的想法放在一边,集中精力做重要的事情,这样问题就会一点点解决,压力也自然消除了。

在生活中,几乎所有的困难、挫折和不幸都会给人带来心理上的压力和情绪上的痛苦,都会使人面临前进与后退、奋起与消沉的困惑,而关键则在于你是否能控制这种情绪,驾驭你心理上的压力。其实,只要做好自我调节,适当减压,摆正自己的位

置,不过高要求自己,也不低估自己的能力,放宽心、多运动,就可以轻松生活。以下介绍几种减压的方法:

★音乐治疗

音乐具有安定和抚慰情绪的功效。想尽情地发泄一番,那就听一听摇滚乐吧!想平复一下情绪,那就听听古典音乐吧!买上一两张新碟,把自己关在房间里戴上耳机,你就可以尽情地沉浸在音乐的王国里了。

★影视治疗

看电影也是一个很不错的减压方法。有空去电影院看电影悲剧片和喜剧片都是很好的选择。如果觉得一肚子的委屈没有地方可以发泄,选一部悲剧来看看吧,或者在心情烦躁时去看一些喜剧片,"笑一笑,十年少",压力在笑声中会消失不见!

★户外活动

如果你实在感到压力无处不在,令你喘不过气来,那么选择周末去郊外活动活动吧,一方面可以约上三两知己一起行动,一边互谈人生,大吐工作中的苦水,另一方面尽情地享受户外清新的空气和美丽的田园景色。让该死的压力滚到一边去吧。

★养宠物

科学家认为,养一只狗或是猫确实有好处。抚摸会帮助你降低血压和减缓压力——对于人和动物都一样。房里有一只狗会使人放松。也可以试着养一对金鱼。研究表明，仅仅是看着鱼在水草中游动，也能使人放松和减轻压力。

★大笑

大笑会使人心脏、血压和肌肉的紧张感得到舒缓，从而分散压力。科学家已经发现，大笑具有与有氧健身法相同的功效。当人们笑的时候，其心跳、血压和肌肉的紧张度都会明显上升，接着会降至原先的水平之下。不要犹豫，笑会使人更加放松。

挫折可以为你增值

哈佛告诉学生：每个人都必须学会在挫折中成长。挫折并不是你想象的那样可恶，恰恰正是它让你不断成长。

生命是一次次的蜕变过程。唯有经历各种各样的折磨与挫折，才能拓展生命的宽度。通过一次又一次与各种挫折握手，历经反反复复的较量，人生的阅历就在这个过程中日积月累、不断丰富。

威廉·卡瑞尔年轻的时候，在纽约州布法罗城的布法罗铸造公司工作。他必须到密苏里州水晶城的匹兹堡玻璃公司——一座花费好几百万美元建造的工厂去安装一架瓦斯清洁机，以清除瓦斯燃烧的杂质，使瓦斯燃烧时不会伤到引擎。经过一番调试，机器可以使用了，可是效果并不像他们所保证的那样。

威廉·卡瑞尔也意识到了忧虑并不能解决问题，于是，想出了一个解决问题的办法，即接受可能发生的最坏情况。这一方法共有三个步骤：

第一步，毫不害怕而且诚恳地分析整个情况，然后找出万一失败后可能发生的最坏情况是什么。

第二步，找出可能发生的最坏情况之后，让自己在必要的时候能够接受它。我对自己说，这次失败在我的人生记录上会是一个很大的污点，我可能会因此而丢掉工作。即使真是如此，我还是可以另外找到一份差事。

第三步，从这以后，我就平静地把我的时间和精力拿来试着改善我在心理上已经接受的那种最坏情况。

威廉·卡瑞尔通过努力发现，如果他们再花几千美元加装一些设备，问题就能得到解决。他们照着这个办法做了，最后公司不但没有损失，反而还赚了钱。

忧虑的最大坏处就是摧毁一个人集中精神的能力。一旦忧虑产生，我们的思想就会到处乱转，从而丧失作出正确决定的能力。然而，当我们强迫自己面对最坏的情况，并且在精神上先接受它之后，我们就能够衡量所有可能的情形，以使我们处在一个可以集中精力解决问题的地位。

人们往往把外界的折磨与挫折看做人生中纯粹消极的、应该完全否定的东西。当然，外界的折磨与挫折不同于主动冒险，冒险有一种挑战的快感，而我们忍受折磨总是迫不得已的。然而，对于高情商的人来说那些挫折和横逆的折磨对人生来说不但不是消极的，还是一种促进他们成长的积极因素。

挪威戏剧家易卜生曾说："不因幸运而故步自封，不因厄运而一蹶不振。真正的强者，善于从顺境中找到阴影，从逆境中找到光亮，时时校准自己前进的目标。"

真正高情商的强者不是永远不会遭遇挫折，而是身处挫折时坚强不屈。他们热爱自己的事业，不怕长途跋涉，不怕肩负重担，好似飞蛾扑火，绝不会轻言放弃。

勤奋，是成功的资本

哈佛学者告诉我们：空白的生命是僵死的、丑陋的，生命之所以美丽，是因为勤奋耕耘。只有勤奋能使生命保持活力，加速生命的运动和发展，从而实现心中的梦想。

人们常说，业精于勤，荒于嬉。自身的劣势并不可怕，可怕的是缺少勤奋的精神。

勤奋是走向成功的必备条件，勤奋进取不仅是一种精神，还是人们落在实处的行动。有人说，古罗马人有两座圣殿，一座是勤奋的圣殿，一座是荣誉的圣殿。他们在安排座位时有一个顺序，即必须经过前者才能到达后者的位置，也就是说勤奋是通往荣誉的必经之路。

年轻的约翰·沃纳梅克算不上命运的宠儿，由于出身贫寒，他接受教育和获取知识的机会都是很有限的。然而，他是一个肯刻苦钻研、勤奋工作的人。起初，他在费城找到一份书店售货员的工作，每天都要徒步4英里到书店去上班。尽管报酬很低，每周仅有20美元，但他总能兢兢业业地对待自己的工作，每天把柜台擦得干干净净，把书籍摆放得整整齐齐，并且时刻带着微笑面对每一位顾客。同时，他也利用业余时间，从书中不断汲取知识的琼浆来充实自己，他这种勤奋刻苦的精神感动了许多人。后来，他又进入一家制衣店工作，每周多加了20美元的工资。他更加刻苦努力地工作，到了40多岁的时候，他成了一个颇有成就的商人。

哈佛学子中流传着这样一句话："现在流淌的哈喇子，将成为明天的眼泪。"在生活中，许多人都会有很好的想法，但只有那些在艰苦探索的过程中付出辛勤劳动的人，才有可能取得令人瞩目的成就。

辛勤是生存的需要，也是生命的意义所在。劳动的人充实、自信，时常能感到"幸福的疲倦"。懒惰的人失落、萎靡，即使衣食无忧也不能感到幸福。勤奋是到达卓越的阶梯。如果你是一名懒惰者，那么，就永远不会和卓越有任何关系。

好心态，好人生

积极和消极这两种截然相反的心态会带给人们巨大的反差。如果以消极的态度来对待一件事，这种态度就决定了你不能出色地完成任务；只有以积极的态度来对待，你才能出色地、超乎寻常地完成这件事。当然，持有消极心态的人并非不能转变成一个具有积极心态的人。

哈佛告诉学生：积极的心态能使你集中所有的精神力量去成就一番事业。当你以积极的心态全力以赴时，无论结果如何，你都是赢家。任何事物都有两面性，至于我们所知所欲的境地，其实都是基于自己将意愿刻印在潜意识中的结果。如果对此一味悲哀，或无所适从，不但无法改变目前状况，也很难实现人生理想。所以说，即使身处绝境，仍应保持肯定的思考态度，积极的思考能使你集中所有的精力去成就事业。

拥有一个好的心态，把自己置于百姓们平淡如水的衣、食、住、行中，在司空见惯的日子里一点点体会着人间的真情，在默默付出的同时，获得精神的满足和幸福。

事实上，如果我们有一个积极的心态，并引导它为你的目标服务，你就能获得以下福利：

◇为你带来成功意识

◇生理和心理的健康

◇独立的经济

◇出于爱心而且能表达自我的工作

◇内心的平静

◇驱除恐惧的信心

◇长久的友谊

◇长寿而且各方面都能取得平衡的生活

◇免于自我限定

◇了解自己和他人的智慧

而如果我们所抱持的是消极的人生态度,你将会尝到苦果:

◇生命中的贫穷和凄惨

◇生理和心理疾病

◇使你变得平庸的自我限定

◇恐惧和所有具有破坏性的结果

◇痛恨帮助自己的方法

◇敌人多,朋友少

◇人类所知的各种烦恼

◇成为所有负面影响的牺牲品

◇屈服在他人意志之下

◇对人类没有贡献的颓废生活

通过比较,到底应该树立什么样的人生态度,应该是显而易见的了!

PART3 积极而理性地去行动

心动不如行动

哈佛告诉我们:一旦有了梦想,就必须拥有实现梦想的坚强意志和决心。如果有梦想而没有努力,有愿望而不能拿出力量来实现愿望,这都是不足以成事的。只有下定决心,历经学习、奋斗、成长这些不断的行动,才有资格摘下成功的甜美果实。

其实,人不仅要在此刻行动,也只能选择在此刻行动。一个人不可能丧失过去和未来,一个人没有的东西,有什么人能从他那夺走呢?唯一能从人那里夺走的只有现在。

所以,我们想要实现梦想,就必须从现在开始行动,并且行动不能半途而废。

只有梦想而不去行动的人,梦想对于他来说,永远都只是一个梦想而已。只想获得成功而不去用行动争取成功的人也终将与成功无缘。不要被困难吓倒,行动可以使你变得坚强,使你一步步提高。

坐着不动是永远也改变不了不顺的现状，同样，坐着不动也是永远做不成事业的。只有傻瓜才寄希望于天上掉馅饼。俗话说："一分耕耘，一分收获。"没有耕耘，就是没有行动，那就自然不会有收获。不论是运用你的大脑，还是运用你的体力，你一定要"动"起来才行。

没有天降馅饼的事儿

天上不会掉馅饼，正如舒适的生活和高薪的工作都不是天上掉下来的，被动地等待是没有出路的，只有脚踏实地地积极行动才能换来成功的果实。

要想秋天有收成，必须在春天就播种。要想获得机会，总是要事先努力付出。所以，所有渴望成功的人们，当你们梦想有一天获得无数鲜花、掌声和财富的时候，请先静下心来，在面前的土壤里播种、施肥，只有这样，美丽的花朵才会在你生命中盛开。

英国有一个叫弗兰克的青年，从小立志创办杂志。一天，弗兰克看见一个人打开一包纸烟，从中抽出一张纸条，随即把它扔到地上。弗兰克弯下腰，拾起这张纸条，那上面印着一个著名女演员的照片。在这张照片下面印有一句话：这是一套照片中的一幅。烟草公司敦促买烟者收集一套照片，以此作为香烟的促销手段。弗兰克把这个纸片翻过来，注意到它的背面竟然完全空白。

弗兰克感到这儿有一个机会，他推断：如果把附装在烟盒里的印有照片的纸片充分利用起来，在它空白的那一面印上照片人物的小传，这种照片的价值就可大大提高了。于是，他就找到印刷这种香烟附件的公司，向这个公司的经理推荐了自己的主意，最终被经理采纳了。这就是弗兰克写作生涯的开始。后来，人们对小传的需求量与日俱增，后来他不得不请人帮忙。于是，他请来自己的弟弟帮忙，并付给他每篇5美元的报酬。不久，弗兰克还请了5名报社编辑帮忙写作小传，以供应印刷厂之需。弗兰克竟然成了编者！最后他如愿以偿地做了一家著名杂志社的主编。

很多人抱怨机遇太少或没有机遇。他们只是坐等机遇，强调客观原因，而不从自身找答案。这就是他们"错失"机遇的原因。一个真正抓住机遇的人，会在机遇来临之前作好全方位的准备，只有自己具备了迎接机遇的实力，才会有机会吃到"天上的馅饼"。

哈佛学者说：若仅是"动口不动手"，只有想法没有行动,那么生命中所有的色彩都会与你无缘。

  一个能真正抓住机遇的人会抓紧时间修炼"内功",使自己的实力和机遇相配,这就是高情商和低情商人的区别。同一件事在高情商的人手里是成功,在低情商的人那里就是失败,不要说幸运的事只青睐高情商的人,那是因为高情商的人本身就具备了迎接幸福的能力;低情商的人只有奋起直追,在拥有成功想法的同时也要让自己真正强大起来。有一天,天上真的掉下馅饼,你就能牢牢地将它咬在嘴里,而不是被它砸晕。

机会只偏爱有准备的头脑

  比尔·盖茨说:"在某种意义上,时机是一种巨大的财富,抓住机遇,就能成功。"

  机遇就是契机、时机或机会,通常按照字面意思理解为忽然遇到的好运气和机会。而对于我们在日常生活中仅就捕捉机遇而言,除了要具备有准备的头脑、目光敏锐、善于观察以外,还要养成认真检查机遇所提供的每一条线索的习惯。机遇提供给你的信息有明显的也有隐蔽的,有"草蛇灰线,伏笔千里"的,也有刹那间就消失得无影无踪的。如果我们能抓住一次机遇,说不定就彻底改变了你的一生。

  准备,不仅是心理、意识的准备,而且还包括经验和知识的准备。因为处理机遇很难像处理一般事务那样有计划、有目的、有步骤,而主要是凭自身的经验、知识的积累进行决策,因此你必须有丰富的经验、渊博的知识与合理的知识结构，这样，当机遇出现时，才能触类旁通，引起注意，连续思考，作出判断。

"机遇只偏爱有准备的头脑"，这是一句早为人们所稔熟的名言，其中所包含着的朴素真理一次次为实践所证实。要想牢牢抓住机遇，就为机遇的来临作好准备吧。成功的气息只是一瞬间，抓不住的话，它就悄悄从我们身边溜走了。

小托马斯就是从美国政府的新政策中觉察到未来办公的革命，从而使 IBM 抓住了最为成功的商机。创始初期的 IBM 只是一家生产打孔机的小企业。1952 年 2 月，IBM 内部从事研制电子数据处理系统的人员只有 85 人，那时 IBM 最高决策者、身处第一线的专家们都认为，公司最初生产的两种计算机若能销售 5 台就能满足市场上的需求。只有企业的总经理、参加过二战的小托马斯·沃森不顾其他经理的劝阻，坚持转向电子数据处理系统。小沃森反复劝导他们，使他们和自己站在同一战线上，并力主推进公司由穿孔卡片系统转向电子数据处理系统。转入计算机产业后，IBM 觉察到美国政府将要实行的新政策会引起办公的自动化革命，于是小托马斯决定改进霍勒利斯统计会计机，为此不惜投入大量的研制费用，在经济不景气时期发疯似的扩大生产。结果，当美国政府实行新政策，事务工作量急增而需要机器处理时，只有 IBM 能够提供充足的具有高效能的机器，IBM 由此取得了巨大的成功。

世上有很多事业有成的人，他们的成功之路虽各不相同，但

是他们都有一个相似点，即他们做事时用心，作好准备，善于捕捉难得的机会，这种共同点同样也是高情商的人具备的特点。

高情商的智者从来不打无准备之仗，不打弹尽粮绝的战争。所以，我们要想坚定地向前走，就必须先弯下腰来，系紧鞋带，为加速作好准备。哈佛教授说：机遇稍纵即逝，它只为有心人准备。

机遇面前切莫迟疑

哈佛学子梭罗说："生命很快就过去了，一个时机从不会出现两次，必须当机立断，不然就永远别要。"能否抓住机遇是一个人平庸或者卓越的分水岭。有时候，决定一个人成败的不是才华，也不是性格，而是他是否有善于抓住机遇的能力。

捕获机会，见机而动，在机会面前不能迟疑。这个道理并不难理解，但许多人却遗憾地失去了成功的机会。失机的原因恐怕体现在两个环节上，一个是识机，一个是择机。

当机会出现时，

你是否已经准备好了？机遇是一位神奇的、充满灵性的但性格怪僻的天使。它对每一个人都是公平的，但绝不会无缘无故地降临。只有经过反复尝试，多方出击，才能寻觅到它。

在成功的道路上，有的人不喜尝试，不愿走崎岖的小道，遇到艰辛或绕道而行，或望而却步，他们常与机遇无缘。而另一些人，总是很有耐性，尝试着解决难题。不怕吃千般苦，历万道岭，结果恰恰是他们能抓住难得的机遇。

机遇绝非只是上苍的恩赐，它是我们主动争取来的，主动创造出来的。机遇是珍贵而稀缺的，又是极易消逝的。你对它怠慢、冷落、漫不经心，它也不会向你伸出热情的手臂。只有主动出击的人，易俘获机遇；守株待兔的人，常与机遇无缘，这是普遍的法则。你若比一般人更显得主动、热情的话，机遇就会向你靠拢。

哈佛学者告诉我们：哪怕只有万分之一的机会，你也不要放弃它，机遇面前切莫迟疑。很多人都是借此而脱离困境的。

有一个超越自己的心

每天超越自己，哪怕仅仅超越一点点，你就能每天都有进步，你就能越来越接近成功。每个人心中都沉睡着一个巨人，当你唤醒了他，他就能助你完成自己的人生理想，成为了不起的人物。

哈佛告诉学生：成功的动力源于拥有一个不断超越的进取目

标。人生就是一个不断超越的过程。

超越是为了更好地完善自己。只要每一天都有超越自己的地方，或者是让自己的优点更加稳固，这样的成长都是值得期待的、充满希望的。

追求超越自我的人，每一分每一秒都活得很踏实，他们尽其所能享受、关怀、做事并付出。除了工作和赚钱以外，他们的人生还有其他意义。若非如此，即使身居高位，生活富裕，也会感到空虚、乏味，不知生活的乐趣究竟在哪里。

在成长的过程中，很多人因为遭受来自社会、家庭的议论、否定、批评和打击，奋发向上的热情便慢慢冷却，逐渐丧失了信心和勇气。事实上，他们不是输给了外界压力，而是输给了自己。很多时候，阻挡我们前进的不是别人，而是我们自己。因为怕跌倒，所以走得胆战心惊、亦步亦趋；因为怕受伤害，所以把自己裹得严严实实。殊不知，我们在封闭自己的同时，也封闭了自己前进的道路。

马上行动，才能改变现实

有一位幽默大师曾说："每天最大的困难是离开温暖的被窝走到冰冷的房间。"他说得不错，当你躺在床上认为起床是件不愉快的事时，它就真的变成一件困难的事了。就是这么简单的起床动作，即把棉被掀开，同时把脚伸到地上的自动反应,都是足以击退你的恐惧。凡成功者都不会等到精神好时才去做事,而是督促自己去做事,马上行动,不把问题留到最后。

其实,不管是什么事情,最好的行动时机就是现在。但是,生活中就有那么一些人,在做事的过程中养成了拖延的习惯。其实,把今日的事情拖到明日去做,是不划算的。

安妮是一个可爱的小姑娘,可她有一个坏习惯,那就是她每做一件事时,总是爱让计划停留在口头上,而不是马上行动。

和安妮住在同一个村子里的詹姆森先生有一家水果店,里面出售本地产的草莓之类的水果。一天,詹姆森先生对安妮说:"你想挣点钱吗?""当然想,"她回答。"隔壁卡尔森太太家的牧场里有很多长势很好的黑草莓,他们允许所有人去摘。你去摘了以后把它们都卖给我,1夸脱我给你13美分。"

安妮听到可以挣钱,非常高兴。于是她迅速跑回家,拿上一个篮子,准备马上就去摘草莓。这时,她不由自主地想到,要先算一下采5夸脱草莓可以挣多少钱比较好。于是她拿出一支笔和一块小木板,计算结果是65美分。安妮接着算下去,要是她采了50、100、200夸脱,詹姆森先生会给她多少钱。她将时间花费在这些计算上,已经到了中午吃饭的时间,她只得下午再去采草莓了。

安妮吃过午饭后,急急忙忙地拿起篮子向牧场赶去。而许多男孩子在午饭前就到了那儿,他们快把好的草莓都摘光了。可怜的小安妮最终只采到了1夸脱草莓。回家途中，安妮想起了老师常说的话："办事得尽早着手，干完后再去想。因为一个实干者胜过一百个空想家。"

只有行动才能让计划变成现实。

现代是一个讲究效率的时代，在信息瞬息万变的现代社会中，存在着很多不确定因素，稍有迟疑，就可能使原来非常精妙的构思在一夜之间变得一文不值。因此，看到机遇就应该在第一时间行动起来把它紧紧地抓在手里，接到工作就应该争取在第一时间行动起来，争取在第一时间把问题圆满解决好。

人生最大的挑战就是"自己"

人生最大的挑战就是挑战自己，这是因为其他敌人都容易战胜，唯独自己是最难战胜的。

在这个世界上，只有强者才能掌握自己的命运，也只有强者才能够在芸芸众生中脱颖而出。一个人，无论别人多么辉煌都与你无关，重要的是你要开创你自己的辉煌，你要不断地超越自己，你才能一步步成长壮大。一个人只要突破自我，你的人生就能上升到另一种境界。

有一位年轻人去找哈佛心理学教授，他对大学毕业之后何去何从感到彷徨。他向教授倾诉诸多的烦恼：没有考上研究生，不知道自己未来的发展；女朋友将去一个人才云集的大公司，很可能会移情别恋……教授让他把烦恼一个个写在纸上，判断其是否真实，一并将结果也记在旁边。

教授注视着这一切，微微对他点头。然后，教授说："你曾看过章鱼吗？"年轻人茫然地点点头。"有一只章鱼，在大海中，本来可以自由自在地游动，寻找食物，欣赏海底世界的景致，享受生命的丰富情趣。但它却找了个珊瑚礁，然后动弹不得，呐喊着说自己陷入绝境，你觉得如何？"教授用故事的方式引导他思考。他沉默一下说："您是说我像那只章鱼？"当你陷入烦恼的习惯性反应时，记住，你就好比那只章鱼，要松开你的八只手，让它们自由游动。系住章鱼的是自己的手臂，而不是珊瑚礁的枝丫。

很多人都会像故事中的年轻人一样，无端地从内心生出诸多烦恼。其实，就像心理教授所说的那样，很多烦恼都是由自己的章鱼手所造成的，只要松开手，你就能在水底自由游动。在生活中，做每一件事，都有两道墙会出现在前方，一道是外显的墙，那是关于整个外部大环境的围墙；另一道是内隐的墙，这是我们心中自我设限的围墙。而决胜的关键往往在于我们心中的那一道墙，所以说要突破自我围墙，勇于挑战自我，方可成功。

哈佛学者经过调查发现，严重影响我们自信主动、勇于进取、挑战自我的障碍主要有5个因素：

★自卑

过分地自我批判，常常表现为过分地自我挑剔，因而导致在心志上的"自杀"，失去进取的动力。

★胆怯

胆怯的心理必然会磨灭自己的梦想、想象力和独创精神,最终因为总是害怕出问题而失去许多机遇。

★懒惰、倦怠

由于不肯努力学习、勤奋工作,使自己变得平庸无能,也使某些原本有才华的人失去了进取和创造的精神。

★性格的片面性和狭隘性

一个人的个性是特别重要的因素,但它必须是健全的,片面和狭隘的个性会阻碍创造才能的发挥,也会对人际关系有消极的影响。

★动机与兴趣的浮躁和庸俗

这个不利因素会使人从众流俗,忽冷忽热,浮躁地追赶某种时髦,实际上主要原因还是不明确自己到底要什么,因而也就浅尝辄止或有始无终。

很明显,这五大障碍归根结底都是态度消极,缺乏自信主动的意识。想要摆脱这些障碍就要学会挑战自我。对于我们来说每一次挑战都是一次机遇,我们在和它斗争时,不仅是在磨炼自己的意志,还是在检验自己过去所做的一切有没有价值。

做一个激情四射的人

哈佛智慧教导学生:你可以平凡,也可以不平凡。年轻的我们总认为自己不平凡,却不得不面对相似的每一天。生活有它的秩序，每天起床、洗漱、吃饭、学习、睡觉等，也许有些呆板，但能让我们心安地去做自己的事情。可是有时候，生活的规律也会成为束缚。

激情，就是让我们渴望摆脱现实的平淡，开创一个新人生。激情与年龄无关，只要你渴望突破，就会在心中集聚前进的勇气。

激情就是成功的源泉。你的意志力和追求成功的热情越强，成功的几率也就越大。无论做什么事情，你首先就要有激情地去做。

在我们身边，许多成功者并不一定比你"会"做，重要的是他比你"敢"做、比你愿意做。惧怕失败，没有冒险的激情，平平稳稳地过一辈子，虽然可靠，虽然平静，虽然可以保住一个"比上不足比下有余"的人生，却是一个悲哀而无聊的人生，是一个懦夫的人生。其最为痛惜之处是在葬送自己的潜能。你本来可以摘取成功之果，分享成功的最高喜悦，可你却主动放弃了。

哈佛学者告诉人们：激情的敌人就是甘于平庸，随遇而安。

如果你现在不时地受到怯懦、拖延、自卑或恐惧的袭击，甚至被这些不正常心理所击倒,那么只能说明你还没有发现和感受到激情的放射力量。一个人激情的能力来自于一种内在的精神特质。激情就像微笑一样,是会给你带来积极行动的动力的。

第五篇

了解他人——多渠道沟通减少误解

人们经常是不讲道理的、没有逻辑的和以自我为中心的，不管怎样，你要原谅他们；即使你是友善的，人们可能还是会说你自私和动机不良，不管怎样，你还是要友善；当你功成名就，你会有一些虚假的朋友，和一些真实的敌人，不管怎样，你还是要取得成功。

——特蕾莎修女

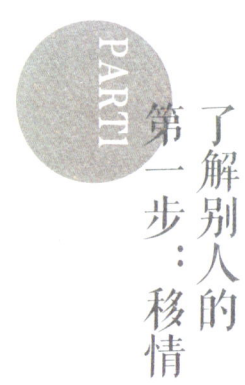

第一步：了解别人的移情

识有人术，首要移情

所谓移情，顾名思义，就是转移你的感情，要学会对问题进行换位思考，不能只以自己的经验来解决问题。因为一旦缺少换位思考，得出的结论就特别容易带有偏见，过于武断地想当然肯定会使问题越来越糟。

换位，就是将自己摆放在对方的位置，用对方的视角看待世界。懂得换位，知道他人所思、所想、所感，是一个人拥有高情商的表现。

哈佛学者告诉我们：高情商者在社交活动中不盲目、不糊涂，因为他们能够设身处地为他人考虑，并根据对方的心灵活动来采取相应的对策，因而能获得良好的人际关系，取得较大的成功。

哈佛教授教导学生：大凡成功的人，都是这样运用不同的方法去观察、研究他所要影响的一些人，然后反过来按照他们的心理需求去满足他们。

每个人天生都会有一定程度的体察他人情感的敏感性。一个人如果没有这种敏感性，就会产生情感失聪。这种失聪会使他在社交场合不能与其他人和谐相处，或是误解别人的情绪，或是说话不考虑时间场合，或是对别人的感受无动于衷。所有这些，都将破坏人际关系。

沟通有技巧，情商帮你忙

哈佛学者说，现代社会需要那种机敏灵活、能言善辩的活动分子。羞怯拘谨、笨嘴笨舌、老实的人，在现代社会无法成为出类拔萃的人才。有些人很有知识，就是因为缺乏"嘴巴上的功夫"，因而得不到人们的认可与赏识。沟通其实就是说话的学问，一个能言善辩的人能够把话说得滴水不漏，而不善言辞的人往往显得拙嘴笨舌。那么怎样沟通才有效果呢？

★让对方多开口

成功的人大多是社交专家，然而出色的社交专家并不是我们所认为的口若悬河。真正懂交往之道的都是运用语言的大师，他们深谙人们的心理，了解人人都有表现欲，于是让对方多升口成了一条金科玉律。著名的成功学大师卡耐基先生曾说："最出色的沟通艺术，是会听而不是会讲。"

★从相同的观点说起

在与他人沟通的技巧中，"求同存异"是一个屡试不爽的佳法。

所谓"求同",就是要求我们从相同的观点以及共同的兴趣(关注点)开始,这样利于双方谈话氛围的和谐;而"存异"则是要我们尽量先不提分歧很大的观点、事物,这些只会破坏我们的谈话氛围。

社会心理学研究表明,人们都乐于同与自己有相近之处的人交往、谈话。因为相似因素,既能有效地减少双方的恐惧和不安,解除戒备,又能发出可以共同接受的信息,能有相同、相似的理解,产生相同、相近的情绪体验,进而在感情上产生共鸣。

★对他感兴趣

已故的维也纳著名心理学家亚德勒在一本叫做《人生对你的意识》的书中说道:"不对别人感兴趣的人,他一生中遇到的困难最多,对别人伤害也最大。所有人类的失败都出于这种人。"

事实上,只要你有足够的耐心,你会发现每一个人身上都有可爱的地方。你对别人感兴趣,换个角度看,就表明别人的价值和魅力在你这里得到了承认,这是每个人都渴望拥有的一种感觉。如果你能满足别人的这种渴望,你想不受欢迎都很难。

★让对方说"是"

让对方说"是"往往比让他说"不"有利,强硬地批评或指责对方往往就是说"不"的诱因,为什么不换一种战术来让他接受你的建议呢?

任何一位高效的沟通者,都会在不知不觉中使用一些技巧来达到他们说话的目的,而让对方说"是"无疑是其中的一个好办法。它节约了双方大量的时间,而那些毫无意义的思考,往往带来的结果并不令人满意。因此,学会运用这一技巧很重要,同时也非常实用。

总之,一个具有较高情商的人,他的影响力往往可以得到充分的发挥和施展,从而取得更大的成功。在今天这个凡事都离不开分工合作的时代里,情商直接决定了一个人的沟通能力,情商高的人能够游刃有余地与自己的下级、同事、上级等周围的人沟通。

站在对方的角度看问题

我们没有必要把自己的想法强加给别人,却必须学会从他人的角度思考问题。以心换心的方式与人交往,甚至是自己的亲人也要站在对方的角度去感受,这才是一个高情商的人。

一位母亲在圣诞节带着5岁的儿子去买礼物。大街上回响着圣诞赞歌,橱窗里装饰着彩灯,盛装可爱的小精灵载歌载舞,商店里五光十色的玩具琳琅满目。

"一个5岁的男孩将以多么兴奋的目光观赏这绚丽的世界啊!"母亲毫不怀疑地想。然而她绝对没有想到,儿子呜呜地哭出声来。"怎么了,宝贝?""我,我的鞋带开了……"母亲不得不在人行道上蹲下身来,为儿子系好鞋带。母亲无意中抬起头来,啊,怎么什么都没有?没有绚丽的彩灯,没有迷人的橱窗,没有圣诞礼物……原来那些东西都太高了,孩子什么也看不见!这是这位母亲第一次从5岁儿子目光的高度眺望世界。她感到非常震惊,立即起身把儿子抱了起来……

从此这位母亲牢记,再也不要把自己认为的"快乐"强加给儿子。"站在孩子的立场上看待问题",这位母亲通过自己的亲身体会认识到了这一点。

在与人交往的过程中也要站在对方的角度看问题,如果把角色"互换"一下,就很可能轻松地打破僵局。

哈佛学者告诉人们:在人际交往中,千万不要以自我为中心而完全不顾他人的颜面、立场,如果将自己的价值标准强加在别

人的头上，轻则得到的是不和谐的人际关系，重则可能使自己头破血流、一无所获。

时常有些人抱怨自己不被他人理解，其实，换个角度可能别人也有同样的感受。当我们希望获得他人的理解，想到"他怎么就不能站在我的角度想一想呢"时，我们也尝试自己先主动站在对方的角度思考，也许会得到一种意想不到的答案。许多矛盾误会等也会迎刃而解。

PART2 懂得倾听,做一个忠实的听众

"倾听"是心灵的守护者

哈佛学者说,一旦有人专心倾听谈论自己时,就会感觉自己被重视,就会体会自己的心灵,感受自己的感受。倾听他人的声音,就能真实地了解他人,增加沟通的效果。一个不懂得倾听的人,通常也是一个不尊重别人观点和立场、缺乏协作性的人。这种人无可避免地会造成他人的反感。

连平是罗宾见到的最受欢迎的人士之一。一天晚上,罗宾碰巧到一个朋友家参加一次小型社交活动。他发现连平和一个漂亮女孩坐在一个角落里。出于好奇,罗宾远远地看了一段时间。罗宾发现那个女孩一直在说,而连平好像一句话也没说。他只是有时笑一笑,点一点头,仅此而已。几小时后,他们起身,谢过男女主人,走了。

第二天,罗宾见到连平时禁不住问道:"昨天晚上我在斯旺森家看见你和最迷人的女孩在一起。她好像完全被你吸引住了。你是怎么做到的?""很简单。"连平说,"斯旺森太太把苏珊介绍给我,我只对她说:'你的皮肤晒得真漂亮,在冬季也这么漂亮,是怎么做的?你去哪儿了?阿卡普尔科还是夏威夷?''夏威夷。'她说,'夏威夷永远都风景如画。''你能把一切都告诉我吗?'我说。'当然。'她回答。我们就找了个安静的角落,接下去的两个小时她一直在谈夏威夷。今天早晨苏珊打电话给我,说她很喜欢我陪她。她说很想再见到我,因为我是最有意思的谈伴。但说实话,我整个晚上没说几句话。"

很简单,连平只是让苏珊谈自己。他对每个人都这样——对他人说:"请告诉我这一切。"这足以让一般人激动好几个小时。人们喜欢连平就因为他注意他们。

人往往会对那些对自己感兴趣的人产生兴趣,能不厌其烦地听别人倾诉,这在他们看来是对自己极大的尊重,而且直达对方的心灵,从而使双方感情更深一步。所以,人们更愿意和那些尊重自己、能进入自己心灵的人打交道。而那些受欢迎的人无疑是高情商的人。相反,那些只知道谈论自己的人会让人觉得,他们只在乎自己的感受而不在乎别人的感受,这种人一般都是低情商的表现。所以,人们与之交往过一次之后,就不会有继续交往的欲望。

拥有私人银行桑德斯·卡普公司的银行家汤姆·桑德斯说:"关键在于先了解对方,他的价值观以及他对投资的看法,再决定

你是否能诚实地说出我们的投资方式是正确并对其有利。"要想成为积极有效的聆听者,首先,必须体会聆听的重要性;其次,必须有聆听的意愿;最后,你必须经常练习聆听这种全新的能力。

善于倾听的人是智者

卡耐基曾说:"如果你希望成为一个善于谈话的人,那就先做一个注意倾听的人,这才是智者"。这一点,从他本人的经历中也能够得到印证。

有一次,卡耐基应邀参加一场纸牌会。卡耐基不会打纸牌,另有一位美丽的女子也不会打。他们便正好坐下来聊聊天。她知道他在汤姆斯从事无线电事业之前,曾一度做过一位主持人的私人经理,当时卡耐基曾到欧洲各地去旅行,帮助这位主持人预备她要播发的讲解旅行的资料,所以她说:"啊,卡耐基先生,我想请你告诉我所有你到过的名胜及所见过的奇景。"

当他们在沙发上坐下的时候,她提到她同她的丈夫最近刚从非洲旅行回来。"非洲!"卡耐基说,"多么有趣!我总想去看看非洲,但除在爱尔裘士停过24小时外,其他

地方还没到过。告诉我,你曾游历过遍布野兽的乡间,是吗?多么幸运!我羡慕你!告诉我关于非洲的情形吧。"

那次谈话谈了一个小时。她不再问卡耐基到过什么地方,看见过什么东西了。她不要听卡耐基谈论他的旅行,她所需要的只是一个专注的静听者,以使她能畅快地讲述她所到过的地方。

最佳谈话者?其实要做的只不过是专注地聆听别人的谈论,并不时地称赞几句而已。

有效沟通始于真正的聆听。擅长聆听的人其实少之又少,但成功的领导人却都是那些真正懂得聆听价值的人。善于倾听的人收获总是比他人多,除了获取他人的好感外,更重要的一点是可从他人的言语中获得重要的信息。

一次成功的商业会谈的秘诀是什么?注重实际的学者以利亚说:"关于成功的商业交往,没有什么诀窍——把注意力集中到讲话的人身上。没有别的东西会如此使人开心。"其中的道理很明显,你无须在哈佛读上4年书才发觉这一点。但我们也知道,有的商人租用豪华的店面,陈设动人橱窗,为广告花费千百元钱,最后却雇用一些不会静听他人讲话的店员,中止顾客谈话、反驳他们、激怒他们,甚至要将客人驱出店门。这种人就不是智者。

倾听不同声音

玫琳凯在《玫琳凯谈人的管理》一书中,对倾听产生的影响作了如此说明:"我认为不能听取别人的意见,是自己最大的疏

忽。"玫琳凯经营的企业能够迅速发展壮大,其成功秘诀之一是她相当重视每个人的价值,而且很清楚员工除了需要金钱、地位外,还需要一个真正能倾听他们意见的知心人。因此,她严格要求自己,并且让所有的下属铭记这条金科玉律:倾听,是最优先的事,绝对不可轻视倾听的作用。

丽塔是纽约劳动保障部门人缘最好的人。但过去的情形不是这样的,她刚来的那几个月里,连一个朋友都没有。因为她话说得太多,她总是不厌其烦地讲自己的旅行经历、工作成绩、性格特长等。

"我干得不错,并且为此自豪。"丽塔在卡耐基的课上说,"可是我的同事对我很冷淡。我希望他们都喜欢我、成为我的朋友。在听了卡耐基先生的一些建议后,我很少再谈自己,我以最大的耐心听同事说话。他们也需要把自己的成就告诉我。现在,我和他们在一起聊天的时候,我就让他们把他们生活中遇到的有趣的事告诉我,我学会了分享他们的快乐。至于我自己,只有在他们问我的时候我才说一说。"

也许你很愿意谈自己,但别人也是这样,因此你老是谈自己别人就会不耐烦。如果你要赢得别人的喜爱,不妨鼓励对方多谈谈他自己,倾听对方的声音,这样的交往方式才属于高情商者的方式。

有一位美国管理学专家说过,高效经理人的秘诀之一,就是先倾听别人的意见。这一方面体现了对别人的尊重。作为下属,如果他的老板能够专心倾听他说话，他会感到幸福；作为合作伙伴，如果对方给他首先说话的机会，他会马上对其产生好感。另一方面，只有听了别人的意见，才能够知道对方心里想的是什么，也就能相应地作出反应，有利于决策的优化。而如果不愿意倾听别人的话，则会让人非常不快，弄不好还会闹出冲突来。

艾萨克·马科森大概是世界上采访著名人物最多的人之一。他说，许多人没有能给别人留下好印象，是由于他们不了解别人的意见，只是自顾自地发表意见。"他们如此津津有味地讲着，却完全不听别人对他讲些什么。许多知名人士对我讲，他们重视首先听别人意见的人，而不重视只管自己说的人。然而，看来人们听的能力弱于说的能力。"

PART3 破解对方的身体语言

身体语言之表情语言

在人类的心理活动中,表情最能反映情绪的变化。表情是反映一个人态度、情绪和动机等心理因素的基本线索和外在表现形式,通过对一个人面部表情的观察和分析,可以了解其内心的欲望、意图和状态,借此即可形成对他的认知。而能掌握这一技术的人往往就是高情商的人。

人类具有丰富的面部表情,它是反映人们身心状态的一种客观指标。可以说,人的面部是人体语言的"稠密区"。曾有学者估计,人脸可以做出25万多种不同的表情,这一估计似乎太过惊人,但一般心理学家都认为,人的面部表情变化会在2万种以上。

狄德罗曾说:"一个人,他心灵的每一个活动都表现在他的脸上,刻画得非常清晰和明显。"这句话提示了人类表情的重要性。因为现实中,语言的表达远不及人们的表情丰富和深刻。

哈佛学者说:表情能够清晰、直接地表达人们的内心想法。所以,仔细观察一个人的表情,我们就可以探听出他的心理活动。

那么我们如何从一个人的表情来判断其当时的情绪变化呢?如下这些"脸语"是比较容读懂的:

◇蹙眉皱额表示关怀、专注、不满、愤怒或受到挫折等情绪;

◇双眉上扬、双目张大,可能是表现惊奇、惊讶的神情;

◇皱鼻,一般表示不高兴、遇到麻烦、不满等;

◇嘴角拉向后方,面颊往上抬,眉毛平舒,眼睛变小等则是愉快的表现;

◇嘴角下垂,面颊往下拉,变得细长,眉毛深锁,皱成"倒八"字等是不愉快的情绪表现。

面对如此丰富的表情,要去辨别该从何着手?

★表情变化的时间

每个表情都有起始时间、表情停顿的时间和消逝时间。通常,表情的起始时间和消逝时间难以找到固定的标准,要判断一个人的情绪真假,需要人们不断地进行细微的观察,这样才能准确地掌握表情变化的时间。

★变化的面部颜色

面部的肤色变化是由自主神经系统造成的,一般难以控制和掩饰。在生活中,面部颜色变化常见是变红或者变白。

一般情况下,人们在害羞、羞愧或尴尬等情形时,脸色会变红;在感到极度愤怒时,面颊则瞬时转为通红。面色发白可能是人们承受了巨大的痛苦和压力,或者感到非常惊骇、恐惧等。

身体语言之手语

科学家们发现,人的手上有27块小骨头。这些骨头通过一个网络状的韧带结构相互连接,依靠肌肉的拉伸来完成关节的各种活动。基于生理上的协调活动,人类的双手与大脑之间的神经关联十分紧密,所以每个手指上的细微动作,都将精确地反映出每个人的内心活动。对于很多潜意识,当你还没有觉察到时,已经传导到手部,让你的手指动了起来。

哈佛专家说:手不但有情绪,而且情绪还很多,手除了能让人们灵活地抓举东西之外,也同样细腻地刻画了人们的情绪。

★隐藏的双手

如果在说话的时候,某人不自主地将双手藏起来,那就说明他心有隐藏,在隐瞒一些谈论中关键的信息。一些对自己很重要的事情,将随着双手的隐藏姿势而被隐瞒起来。

★烦躁的双手

双手不停地摆弄东西，或者手指不停地动，指甲断裂等这些情形都说明了行动者的烦躁，心理有较大的压力。尽管很多时候，言语中也会表现出这样的骚动，但人们无意识的动作，会将其表现得更明显。有些时候，这些举动也意味着涌动的愤怒。

★诚实的双手

当某人在表达自己的意见时很坦诚，那么，他的双手通常是手心向外摊开的。这说明了此人对谈话的坦诚和对他人的真挚，是接受别人意见的手势。不过，常使用这种动作的人也非常容易受外界的影响。

实际上，手部动作在给人以深刻的印象时，还会通过肯定的语气来对说话者产生一种暗示的作用，最终真的为说话者增强了信心。那么你的手，该放在哪里呢？

★造成不良印象的手部动作

——手全部插入口袋当中

此类人具有隐藏心思，或者暗中盘算策划的倾向。这种动作在听人讲话的时候是一种非常不礼貌的举动，会让对方产生不被信任，不被接受的感觉。

——手放在臀部站立

此类人多为性子较急的人，他们希望事情能迅速解决，不要拖延，给人以浮躁，不踏实的感觉。

——双手的关节掰得嘎嘎作响

此类人展现给别人的印象是，脾气暴躁、易怒，做事容易紧张，坐立不安，心理承受能力不强。同时，他们的自我表现欲很强烈。这类人通常心直口快、古道热肠，较好打交道。

——手指不停地动弹

这动作表明行为者正处于紧张的状态，不知所措，因此利用不停动弹的手部动作来缓解内心的紧张。

★带来较好印象的手部动作

——谈话时，将右手放在身前，做空中轻握动作

这种动作是指利用拇指尖和其他手指的指尖碰在一起，形成一个完整的动作。它多为演说家所采用，用来反映说话者的思维逻辑清晰、重点突出。

——谈话时，在空中做展开双手的动作

做这类动作手指并拢，手掌在空中微微上翘，全部摊开。当其掌心向上，朝着胸部的时候，反映出说话者有一种想接纳某种思想，囊括各种观点，或者暗示性地将他人拉近自己的意图。掌心向下，则有头脑冷静，克制自己情绪的意思。

身体语言之眼神

我们通常所说的眼睛变化实际上是指瞳孔的变化，即瞳孔的扩大和缩小。研究表明，人的瞳孔是根据他的感情、态度和情绪变化而自动发生变化的。达尔文、赫斯等人曾做过专门研究，结果表明，人的瞳孔变化是中枢神经系统活动的标志，即瞳孔变化

如实地反映了大脑正在进行的思维活动。

哈佛学子爱默生曾对眼睛作过这样的描述："人的眼睛表达的情绪和舌头所说的话一样多，不需要词典，却能够从眼睛的语言中了解整个世界，这是它的好处。"眼睛被誉为人"心灵的窗户"，这表明它具有反映人的深层心理的功能，其动作、神情、状态是情感最明确的表现。

既然，眼睛能映射出人内心的感受，那你是否能在见到对方的眼睛时，敏锐地捕捉到他在传播的情感？

那么与人交往时，眼神应该注意什么呢？

◇与人交谈时，视线接触对方脸部的时间，在正常情况下应占全部谈话时间的30%～60%，如超过这一平均值，可认为对谈话者本人比对谈话内容更感兴趣。比如一对情侣在讲话时总是互相凝视对方的脸部。若低于此平均值，则表示对谈话内容和谈话者本人都不怎么感兴趣。

◇倾听对方说话时，几乎不看对方，那是企图掩饰什么的表现。据说，海关的检查人员在检查已填好的报关表格时，他通常会再问一句："还有什么东西要呈报没有？"这时多数检查人员的眼睛不是看着报关表格或其他什么东西，而是盯着来人的眼睛，如果你不敢坦然正视检查人员的眼睛，那就表明你在某些方面可能有不够老实的地方。

◇眼睛闪烁不一定是反常的举动，通常被视为用来掩饰的手段或性格上的不诚实。一个做事虚伪或者当场撒谎的人，其眼睛

常常闪烁不定。

◇在1秒钟之内连续眨眼几次,这是神情活跃,对某事件感兴趣的表现,有时也可理解为由于个性怯懦或羞涩,不敢正眼直视而做出不停眨眼的动作。在正常情况下,一般人每分钟眨眼5～8次,每次眨眼不超过1秒钟。时间超过1秒钟的眨眼表示厌烦、不感兴趣,或显示自己比对方优越,有藐视对方和不屑一顾的意思。

社交场合,在人们眼神的相互反应中,"注视"是较为常见的一种。从发出动作者的角度来说,注视是一种积极的行为,具有试图判断对方的意思,通常目光的焦点涵盖了对方的所有部分。但是从承受者来说,某些人的注视会让他感到舒服愉快,有些则会让他感到惶恐不安。因为,不同的注视,强烈地表达了不同的情感。

◇受到吸引,对对方有好感。英国学者迈克尔·阿盖尔先生发现,在两个人交谈时,如果彼此很喜欢,那么就会一直看着对方。利用注视的目光会让对方体会到彼此的好感,若作出同样回应,则他也可能喜欢对方。在大部分文化背景下,如果想和其他人建立起和善友好的关系,人们都会使用同样的方法,会在谈话时向对方投以注视的目光,而这种做法一般都能让交谈对象对你产生好感。

◇过长时间的注视,是被人们认为是挑衅或者失礼的行为。尤其是在日本和一些南美国家,如果长时间盯着对方的眼睛,将会招致不必要的麻烦。因此，在考虑礼貌和各地区的社会文化背景的前提下，应当根据主人谈话时的目光来进行同样的回馈，注视的时间既不要太长，也不要太短。

谈判中的身体语言

哈佛心理学教授曾说：看穿身体语言，掌握谈判优势。在谈判之中，双方为了各自公司的商业利益，展开口舌之战。每个人都步步为营，防止有闪失。在这个时候，如果能够从他人身上的细微之处窥视人心，则可能有事半功倍的效果。

★关注对方的眼部

在谈判中，双方将最先开始从目光接触。而眼睛因为具有反映人们内心深层心理的能力，所以能传达出很多真实的情绪。有经验的谈判者一般都会从见到对手的那一刻到握手达成交易时，都一直保持同对方的目光接触。如果对方不停地眨眼睛，则可能是因为神情活跃，对某事感兴趣，或者因为紧张腼腆而不自觉地做出的调整行为。但若是眼神飘忽不定，则要当心，他可能是想在谈判中为你设置陷阱。

★关注对方的表情

谈判的时候，对方的表情将会是其内在心理变化的外在反映。一般，如果一个人神色紧张，面部肌肉紧绷，露出不自然的笑容时，说明他可能是情绪不安，想要借这样的笑容来调节一下情绪或者因撒谎而使用的掩饰动作。

★对方的举止是否自然

谈判中,如果对方动作生硬,那么你要提高警惕。这很可能表示对方在谈判中为你设置了陷阱。同时,还要注意他的动作是否切合主题。如果在谈论一件小事的时就做出夸张的手势,动作多少有些矫揉造作,则可能欺骗意味增加,需要仔细辨别他们表达情绪的真伪,避免受到影响。

★咬住的嘴唇

谈判中,如果对方经常咬住自己的嘴唇,那是一种自我怀疑和缺乏自信的表现。因为在生活中,人们遇到挫折时容易咬住嘴唇,惩罚自己或感到内疚。若在谈判中用到,则说明对方已经开始认输,内心开始妥协退让了。

★说话速度快

如果对方的说话速度非常快,则说明他们对谈判已经胸有成竹,势在必得,甚至不会在意你所提出的建议。态度是不满或者莽撞的。若只是在某些地方突然变快,则这里可能隐藏着他们的

弱点，不希望他人发现或者揭穿。

★交谈中，多次点头

在谈判中，一边听一边点头，说明对方在仔细聆听。但是如果他的目光并没有投注在你身上，而是其他地方，则表示另有想法。倘若表现出毫无意义的点头或在不恰当的时候点头，则说明他并没有听懂你的谈话，或者他根本就不想听。他是个不想让对方提出异议的人物。

★谈判中五指伸开

在谈判时，将手逐渐伸开，说明他现在的心情放松，或许正想要陈述观点，并可能会继续做出这个动作。伸开的手指就是在释放压力，也是鼓励自己，就像小学生举手回答问题一样，赋予自己自信。

★交叉双臂和双腿

如果对方交叉腿和双臂，呈现一种封闭的姿态。这时，即使继续谈论他也可能都不为所动。所以，你不妨用新的方式来继续谈判，重新解释问题。或者为双方制造一个暂时休会的契机。会议的暂停可以让彼此更充分地考虑谈判策略，并重新作出部署。

★沉默地吸烟

谈判的过程中，如果对方不再说话，而只是沉默地吸烟，并不停地磕烟灰，说明内心有矛盾或者冲突。他很焦虑不安，为了化解内心的情绪，在寻找发泄的途径。这样的表现对继续开展谈判非常不利，可以转换话题，让对方的思维暂时跳出来。

PART4 从性格看人心

你不可不知的性格

哈佛总是教导学生,无论是在工作还是在生活中,性格都起着决定性的作用,想要了解别人,就需要知道对方的性格。

我们在生活中常见的大量不良情绪都与性格有关,比如,容易忧愁的人一般都比较好强、固执,不善于与人交往。他们经常感到不称心、不如意、满怀忧虑,考虑问题爱钻牛角尖。情绪上经常处于犹豫、疑虑状态的人,性格往往显得被动、拘谨、依赖,缺乏独立性和创造性,总是循规蹈矩,因循守旧。容易烦躁的人,往往过于敏感,而且习

惯于将愤懑的情绪埋藏在心底。

可见，如果要保持健康的情绪状态，就必须对自己的性格特征有一个充分的了解，并注意克服性格方面的缺陷。

每个人都对自己周围比较亲密的人的性格很熟悉，但却不一定十分清楚自己的性格。下面我们就来帮助你了解你自己的性格。

以下共有50道题，请根据自己的情况如实回答。符合的，则在该问题后打"√"；难以确定的，则标"？"；不符合的，则打"×"。

1.你与观点不同的人也能保持友好关系，与有代沟的下一代也能成为好朋友。

2.你读书阅报速度较慢，力求完全看懂。

3.你办事干脆利落，但较马虎。

4.你经常自我反省，分析、研究自己。

5.当你生气时，你会不加控制地发泄怒气。

6.在人多的场合你不喜欢引起别人的注意。

7.你从不制订今后几年的生活计划。

8.你待人处世总是小心翼翼。

9.你是个放浪形骸、不拘小节之人。

10.你疑心病很重，常无端猜疑别人，年龄越长这个毛病越明显。

11.你乐意从事领导某个团体的工作。

12.你从不敢在众人面前发表演说。

13. 你喜欢听别人说你的好话，那样你会感觉很开心。

14. 你希望过平静、轻松、悠闲的生活。

15. 你讨厌写回忆录或日记。

16. 你常常回忆过去的事。

17. 你喜欢不停地变换业余爱好。

18. 你常独自一人陷入对某一事物的回想中。

19. 你热衷于参加集体活动。

20. 周围若有说话声或收音机声，你就无法静下心来读书、学习。

21. 你对金钱从不过于精打细算。

22. 房间里乱成一团，你就静不下心来。

23. 你对待生活的态度非常乐观。

24. 你喜欢独自一人待在房间里休息。

25. 你从不逃避麻烦的事情。

26. 你很在意别人对你的看法。

27. 你从不主动制订每天的计划。

28. 你常感到自卑。

29. 你经常变换自己的观点和看法。

30. 你很注意交通安全。

31. 你守不住秘密，总想对人说出来。

32. 你总是三思而后行。

33. 你不大在意穿着打扮。

34. 你工作或学习时不喜欢有人在旁边观看。

35. 和别人在一块儿聊天时,基本上都是你说他听。

36. 你总是独立思考后才回答问题。

37. 你的情绪容易波动,极不稳定。

38. 你不会轻易相信一个陌生人。

39. 你喜欢向他人请教问题。

40. 你不善于结交新朋友。

41. 你口才很不错。

42. 你在交际场合喜欢保持沉默。

43. 比起读小说和看电影,你更喜欢旅游和跳舞。

44. 你不喜欢和陌生人打交道。

45. 你认为实践比探索理论更重要。

46. 你忘不了自己的失败经历。

47. 你能很快适应新环境。

48. 你很在意同伴们的成就。

49. 你常过高估计自己的能力。

50. 你在购物时常拿不定主意。

评分规则:

题号为奇数的题目,每划一个"√"计2分,每写一个"?"计1分,划"×"的计0分;题号为偶数的题目,每打一个"×"计2分,每标一个"?"计1分,打"√"的计0分。最后将各道题的分数相加,其和在0与100之间。由此数值我们就可以了解一个人内向或外向的程度。

测试结果：

总分为 0 ~ 19 分：属内向型，沉默寡言，孤僻，不善于与人交往。

总分为 20 ~ 39 分：属偏内向型，不善于适应环境，对待突发事件不够沉着。

总分为 40 ~ 59 分：属中间型，情绪容易忽冷忽热，为人处世多数凭感情。

总分为 60 ~ 79 分：属偏外向，能言善辩，具有亲和力。

总分为 80 ~ 100 分：属外向型，活泼开朗，爱好社交，做事情雷厉风行，比较果断。

色彩心理学的历史

现代心理学的鼻祖之一，瑞士著名心理学家、精神分析学家卡尔·古斯塔夫·荣格在前人学说的基础上进一步研究，把性格分为外向型和内向型两大类。其中外向型性格分为外向思维型、外向情感型、外向感觉型、外向直觉型四类，其性格表现为：喜欢竞争，具有冒险精神，喜欢接受各种各样的挑战，直言不讳，不喜欢拐弯抹角等等。而内向性格分为内向思维型、内向情感型、内向感觉型、内向直觉型四类，性格表现为：会不断地思索一个问题，直到找出答案为止，不喜欢为重大的决策负责，当别人诉说自己的困难时，是个好倾听者等等。

不同的色彩能表达不同的含义，也能带给人不同的感受。

一个性情平和、善于克制的人，我们可以说他具有绿色性格。这种人内心非常平静，很少会焦虑不安或感觉到忧愁，他们充满希望和乐观精神，相信所有的事都能更加美好，与他们相处，仿佛身处绿色的原野，被清新宁和的气场包围，分外舒服安心。一个性格外向、活泼好动的人，则可以说他具有红色性格。红色是热烈、冲动的色彩，这类人如跳动的火焰般总是充满热量与激情，与他们相处，你绝对不会觉得单调乏味，他们如同动力十足的马达，每一刻都能想到让生活变得有趣的新点子。而拥有黄色性格的人骄傲而高贵，就像一束黄玫瑰在夕阳中散发出典雅的令人心生崇敬的光辉……

了解了性格色彩心理学，你一定迫不及待地想知道自己是什么颜色的性格，立刻开始做下面的测试，马上揭秘你的性格颜色！

1. 你怎样对待倾诉者？

A. 发表自己的看法。

B. 为对方剖析事件。

C. 为对方作出某种判断。

D. 与对方感同身受。

2. 你怎样评价自己的控制欲？

A. 对他人向来只感染，不控制。

B. 制定规则保持控制力。

C. 希望控制所有人。

D. 不想控制人，也不希望人控制自己。

3. 你怎样对待工作？

A. 希望从事有趣的工作。

B. 做就做到质量一流。

C. 保质保量，快速完成。

D. 不想做有压力的工作。

4. 你会怎样和朋友相处？

A. 打开心扉，迅速成为好友。

B. 慢热型，可长久维持友情。

C. 与朋友相处时占据主导地位。

D. 随缘，不会是主动的一方。

5. 你希望在下属心目中树立哪种形象？

A. 平易近人，助人为乐。

B. 有领导能力。

C. 值得信赖。

D. 被人喜爱并有感召力。

6. 你对待目标的态度是：

A. 结果不重要，过程才重要。

B. 严密计划，逐步实施。

C. 过程不重要，结果才重要。

D. 目标有风险，保持现状为好。

7.你会如何对待子女?

A.不对子女作过多干涉。

B.发现问题直接指出。

C.用行动教育孩子。

D.和孩子成为朋友。

8.你独自背包旅行,回来的路是:

A.寻找新路,为了好玩。

B.原路返回,安全第一。

C.寻找新路,增加难度。

D.原路返回,图省事。

9.说话时你最注意的是:

A.是否给对方留下深刻印象。

B.表述是否准确。

C.谈话是否达到目的。

D.说话方式是否被人接受。

10.你希望得到怎样的认同?

A.被认同与否无所谓。

B.被重要人士认同。

C.被自己在乎的人认同。

D.被所有人认同。

11.你最渴望处于以下哪种状态?

A.总有新鲜有趣的事情发生。

B. 身处安全的环境。

C. 总有新的挑战发生。

D. 身处安稳的环境。

12. 你喜爱哪种类型的团队?

A. 轻松活泼,无拘无束。

B. 能对事件进行深度研究。

C. 能听到不同意见,碰撞出思想火花。

D. 气氛和谐,观点一致。

13. 以下哪种是你的感情特色:

A. 爱激动,情绪变化快。

B. 表面波澜不惊,内心情感起伏。

C. 直截了当表达感情。

D. 平淡如水。

14. 你认为自己是个怎样的人?

A. 大悲大喜。

B. 冷静有条理。

C. 做事果断。

D. 宁静平和。

15. 你会怎样和情人相处?

A. 一起做有趣的事情。

B. 注重对方的需求。

C. 注重沟通。

D. 理解包容对方。

16. 你一贯做事的方式是：

A. 赶在交活儿的最后一刻完成。

B. 认真细致地独立完成。

C. 马上开始，迅速完成。

D. 该怎么做就怎么做，忙不过来请人帮忙。

17. 如果被别人伤害，你会：

A. 最初下定决心绝不原谅对方，往往最后就会动摇。

B. 一辈子不会忘记伤害你的人。

C. 抓住一切机会打击报复。

D. 尽量不翻脸，得过且过。

18. 你如何面对他人的赞美？

A. 兴奋异常。

B. 怀疑赞美的真实性。

C. 与其赞美我，不如欣赏我的能力。

D. 无所谓。

19. 你如何评价自己的工作表现？

A. 热情十足，很有想法。

B. 细致认真，质量可靠。

C. 不拖泥带水，执行力很强。

D. 很有耐心，适合团队作业。

20. 一段恋情结束后你会怎样做？

A. 找朋友倾诉发泄。

B. 无法接受新的恋情。

C. 努力忘掉这段恋情。

D. 相信时间能愈合心头的伤疤。

21. 你对待规则的态度是：

A. 讨厌规则的束缚。

B. 严格遵守规则。

C. 不想遵守规则，想制定规则。

D. 尊重规则，可是不能遵守。

22. 面对压力你会怎样做？

A. 有压力立刻发泄。

B. 默默在心中化解压力。

C. 化压力为动力。

D. 对压力视而不见。

23. 朋友们怎样评价你？

A. 喜欢倾诉。

B. 聊天的时候细致全面。

C. 言语犀利，直言不讳。

D. 听得多，说得少。

24. 人际关系中你最希望得到哪种回应？

A. 受到大家欢迎。

B. 得到大家理解。

C.得到大家尊敬。

D.得到大家接纳。

25.教过你的老师怎样评价你？

A.喜欢表现自己。

B.孤僻不合群。

C.独立性强。

D.温和低调。

测试结果：

以上各题选项，A代表红色，B代表蓝色，C代表黄色，D代表绿色。数一数哪个选项多，你就是哪种性格色彩。举例说，如果你有23道题选择D，那么是绿色性格无疑。如果有10个选择B，9个选择C，其他选项为6个，那么，就是蓝+黄性格。

红色性格：最有朝气的天使

红色是朝阳，是热血，是火焰，代表了热情、积极、希望、忠诚、兴奋、活泼等充满活力的含义。红色性格者的特点不仅仅是擅长制造话题，他们还有以下几个鲜明的特征：

★不擅长掩饰自己的感情

红色性格者都是直白的人，不擅长掩饰自己的感情，不是他们不想，而是他们不会。无论是高兴还是难过、生气还是忧愁，他们都会明明白白地写在脸上。所以在旁人看来，红色性格者总是那么戏剧化，或许上一分钟还乌云密布，下一分钟就又阳光灿烂了。

★以追求快乐为己任

红色性格的人们就像一群长不大的孩子,总是专注于生活中有趣的事情。他们会对坊间最流行的美食了若指掌,他们会为电影院最新上映的影片蠢蠢欲动,他们会不顾及旁人的眼光在街头大玩儿时玩过的幼稚游戏……红色性格的人的生活从来不缺乏精彩快乐的娱乐项目。

★对他人充满信任感

红色性格的人直白豁达,对人从来"不设防",这种坦诚是他们受信任的基础。他们能迅速与陌生人打成一片,一方面是他们擅长找话题,更重要的是,他们真诚的态度、心无城府的样子能取得对方的好感,使对方放下戒备,敞开心扉。不过,轻易相信别人亦是他们的软肋,使他们很容易受骗上当。

★不喜欢规章制度

红色性格者有颇为豪放的一面,向往自由的生活,所有条条框框、规章制度是他们最为厌恶的东西。如果在一个制度严格的公司工作，或是从事某种对纪律要求很高的工作，会使他们觉得痛苦不堪。他们喜欢的能释放全部能量和才华的环境，必定是宽松、充满趣味的。他们就像草原上的马匹，喜欢自由奔驰。

对红色性格的人来说，有变化、有挑战才有动力。红色性格的人大都热情大方、开朗好动，他们一般喜欢与人打交道，适合做一些管理类、销售类或是公关类工作。艺术类的工作也适合红色性格的人，譬如表演。他们往往人越多越亢奋，他们比其他性格的人更适合舞台。

总之，"红人"们乐观积极、才思敏捷，是招人艳羡的一群。不过，"红人"们也会有自己的烦心事。"红人"最怕染上浮躁的毛病，一旦心态浮躁，做事情往往既无准备，又无计划，只凭脑子一热、兴头一来就动手去干，但结果必然是事与愿违，欲速则不达。

浮躁是红色性格人的弱点，这种性格不但影响生活和事业，还影响人际关系和身心健康，其害处可谓大矣，故"红人"应该力戒浮躁。

★在比较时要知己知彼

"有比较才有鉴别"，比较是人获得自我认识的重要方式，然而比较要得法，即知己知彼，这样才具有可比性。例如，相比的两人能力、知识、方法、投入应相近，否则就无法去比，由此得出的结论也将是虚假的。有了这一条，人的心理失衡现象就会大大减少，也就不会产生那些心神不宁、无所适从的感觉。

★ 要有务实精神

务实就是"实事求是,不自以为是"的精神,是"红人"革新求变的基础。

★ 遇事善于思考

考虑问题应从现实出发,不能只是跟着感觉走。目标要实际,过程要坚实,做一个脚踏实地的人。

★ 正确对待浮躁心理

偶尔产生浮躁心理是很正常的,这时可以找朋友聊聊天,及时化解浮躁的情绪。

黄色性格:奋斗的使者

黄色易让人联想到辉煌、希望、功名、健康、光辉、透明、光明等,充满着华贵与威严。黄色性格的人坚定而自信,敢说敢做,是永不言败的一类人物。他们有强烈的求胜欲望,征服对他们来说是最大的满足。

对于一个黄色性格的人来说,工作多并不可怕,没事做、闲着喝茶才是最可怕的事情。

黄色人格的人有超越他人的执行力,他们把生命当成竞赛,力争让每一分每一秒都过得有意义。所以,黄色性格者在职场上总是精力十足,表现出强烈的进取心和竞争意识。他们为了工作不知疲惫,敢于冒险,成功是"黄人"们心中最迫切的渴望。黄色性格者有以下几个特点:

★简明扼要的说话风格

在黄色性格者眼中，时间就是金钱，效率比什么都重要，所以"黄人"们讲话绝不拖泥带水，能几句话说完的问题，不会说半天。黄色性格者自身有综观大局的本领，他们总能提纲挈领、一语中的。而且，黄色性格者说话不会拐弯抹角，无论批评还是表扬，都直截了当，非常爽快。黄色性格者务实的谈话方式、直言不讳的建议和忠告，使他们成为出色的领导者。

★擅长设定目标

黄色性格者大多意志坚定，而且胸怀大志。他们不会为自己当下卑微的地位而感到自卑，认为只要努力，什么都可以改变。他们是梦想家，更是实干家，会严格制订目标供自己挑战。每达到一个目标，"黄人"就离成功近了一步，所以"黄人"对目标的制订非常在意，他们会慎重地对待工作中、生活中的每一个目标。

★卓越的领导能力

黄色性格者往往拥有过人的领导能力，他们有危急关头挺身而出力挽狂澜的本事和胆识。他们的做事风格凌厉果断，能迅速理清工作中大大小小事件的头绪，然后调兵遣将，安排合适的人员去解决问题。在"黄人"看来，所谓智慧是借助别人的能力来为自己办好事情，不需要什么事情都亲自去做，所以"黄人"更注重领导，而不是直接插手工作。

★越挫越勇，永不言败

在黄色性格者的字典中没有"失败"一说。黄色性格者有强

烈的进取心，他们认为，生命的终点一定是成功，所谓的失败，不过是成功的铺垫。为了尝到成功的滋味，他们能承受常人所不能承受之压力，忍常人不能忍之屈辱。之间的过程不算什么，实现最后的目标才是"黄人"们真正在乎的事。

黄色性格女人卡门坚定自信、爽朗直接，她不仅是气质的女王，更是人格的女王。

想创造财富，却不敢冒风险，那是不可能成功的。黄色性格的男人清楚地知道风险在所难免，但他们仍充满自信地在风险中争取事业的成功。冒风险是因为知道有失败的可能，但会掌握一切有利因素，去赢取成功。黄色男人会时刻留意各种有利的机会，他们相信，风险愈大，机会愈大。

黄色性格的男人事前会预计种种可能的损失，对自己说："情形最糟，也不过如此！"然后拼尽所能去实现目标，即使失败了，也觉得坦然，对自己、对别人无愧。黄色性格男人骨子里的霸气使他们相信自己的眼光，相信自己的实力，相信自己的运气。

黄色性格者的果敢、坦率与自信得到大多数人的认同，黄色性格者在集体中确实能起到主心骨的作用，他们自己也为此而骄傲。可是，黄色性格者强烈的个性也会让他们陷入苦恼中，他们永远认为自己是对的，完全不顾及他人的感受，如果无意伤害了别人，也会使自己承受着难以言喻的压力。

暴躁易怒是黄色性格自身的局限。所以作为一名"黄人"，一定要注意时时控制自己的脾气。脾气上来时，可以使用以下几种方法控制：

◇想想自己远大的生活目标，改变与眼前小事计较得失的习惯，更多地从大局、从长远去考虑一切，不让自己的精力被微不足道的小事绊住，而妨碍对理想事业的追求。

◇怒气上涌的时候，会对看不惯的人和事越看越火，此时应该迅速离开使你发怒的场合，去听听音乐、散散步，使心情渐渐地平静下来。

◇进行自我暗示，口中默念"别生气，这不值得发火"、"发火是愚蠢的，解决不了任何问题"，用理智战胜愤怒。

◇告诉自己，现在的一件使你"怒不可遏"的事情，过一个月、一个星期甚至一个小时之后再看，就会发现当时发怒不值得。

绿色性格：社交中的"老好人"

绿色性格者淡定低调。他们有温和的天性、柔和的性格，不喜欢与人相争，事事尽量避免冲突。"绿人"能用宽容开放的心态看待一切事情，处变不惊，一笑置之。

绿色性格者是协调人际关系的高手。他们天生有一种温柔的气质，能让每个与之相处的人如沐春风。无论是少年时代与同学朋友的相处，还是成年后与同事、家人的相处，统统难不倒绿色性格的人。绿色性格者有以下特征：

★能设身处地为他人着想

绿色性格者天生性情平和,富有同情心,所以他们在考虑问题时不仅考虑自己,也会考虑到他人的感受。

★与人相处的圆滑手段

仅仅有一颗宽容的心是不能在人情场合中进退自如的,绿色性格者有过人的交际手腕,能使每个人都感觉被尊重、被喜爱,因而很受大家的欢迎。在工作场合,"绿人"也是受人欢迎的一群,他们能从容地面对来自各方的压力,巧妙地游离于各个利益集团之间,不树敌,悠游自在。

★稳定低调,不张扬

绿色性格者擅长低调地处理各方关系,保证自己的最大利益。绿色性格者奉行的是中庸之道,稳定低调是他们的做事准则。

★缺乏上进心

"绿人"面对的最大问题,不是来自他人,而来自他们自己。"绿人"喜欢依照习惯生活,不想尝试改变,所以缺少发展的动力。绿色性格者天性寡欲清心,不会为了追求什么投入很大的热情,这使"绿人"自身的才华和能力不能得到最大的施展,实在是一个遗憾。

绿色性格的人重视沟通协调、尊重别人,人际关系好,适合群体工作。不过"绿人"的一大缺点是做事比较优柔寡断,所以绿色性格的人一般不适合从事需要很强决断力的工作,他们适合做能发挥个人亲和力、与人交流合作的工作。

绿色性格的人容易对自我产生消极情绪,消极的自我评价会使"绿人"产生自卑感,而消极的绿色性格者往往愿意接受别人的低评价,而对外界的高评价则持怀疑态度。其实"绿人"们不用担忧,大量事实表明,消极并不可怕,只要认真调适,就能变得积极起来。"绿人"可以参照下面的方法:

★树立一个积极向上的目标

"绿人"要有目标,对自己有正确的认知。因为一个适当的目标既具有成功的可能性,可以让自己感受到奋斗中的酸甜苦辣,更有目标实现后的欣慰、快乐,亦增加了自信和勇气。反之,目标太低,不仅难以发挥自己的最大才能,亦会因太容易成功而沾沾自喜。

★要根据实际调整目标

不是所有的目标都可以一帆风顺地实现,有时会遇到很多困难和阻碍,这就需要"绿人"调整目标,甚至转移目标,找到自己新的兴趣点。有了新的追求,就会逐渐完成生活内容的调整,从空虚状态中解脱出来,迎接丰富多彩的新生活。

★做个"没事找事"的人

很多"绿人"都太过放松、无所事事,这时"绿人"就需要"没事找事"。很多"绿人"在找事情做的时候,总是害怕自己不能做或做不好,其实,这不重要,找到了事情,不妨先做做看,也许会有意想不到的收获。

第六篇

影响他人——构建完美的人际关系

生活中完成每件事都离不开协商、沟通、影响和说服别人做事的能力。在所有领域,最有效率的人是那些为了实现目标能与人协作的人。

——布莱恩·特雷西

PART1 影响力：永不贬值的实力

阿拉贡的幽灵大军

在电影《魔戒3》中有这样的一个场景：阿拉贡一行三人进入了那个传说中禁锢背叛者灵魂的洞穴，无数的怨灵将他们团团包围，情况变得十分危急，这个时候，阿拉贡承诺，只要亡灵愿意去抵抗索伦，为他而战，那么他将以圣剑主人的身份解除诅咒。渴望自由已久的幽灵最后对阿拉贡俯首称臣。阿拉贡用自己的承诺

唤醒了幽灵大军，帮助他消灭了鹰眼的第一拨袭击，这说明了信守承诺的人往往具有很大的影响力。

哈佛告诉学生：人无信则不立。这是千万年来永恒不变的做人之根本。古今中外的人无一不把守信看做是一名君子必备的品质。守信之人往往可以赢得众人的信任和尊重，从而拥有异于常人的影响力。

诚信是可以传递的。如果别人总是能够对你言而有信，你自然就会体会到诚信的分量。既然许下了诺言，就要竭尽全力去达成。一个重诺守信的人才能够赢得别人的尊重，当他需要众人的时候，才可能有很强的影响力，因为大家都相信他是个说话算话的人。哈佛历代杰出的人才无不秉持诚信这一美德。

对于我们每个人来说，这个道理同样适用，只有一个诚信的人，才有可能具有一呼百应的像阿拉贡一样有唤起幽灵大军的能力，因此，为了增强你的个人影响力，努力做个诚信的人吧。

情商与影响力

哈佛告诉学生，高情商的人往往都是一些影响力很强的人。

提及影响力，人们习惯性地认为它与权力相同，其实不然。与权力不同，影响力不是强制性的。它是一个微妙的过程，是以一种潜意识的方式来改变他人的行为、态度和信念的过程。它确实涉及了权力的某些方面，但它是通过人际劝服来影响他人的过程。与赤裸裸的权力相比，影响力没有那么直观——从它的本质来看,影响力比较间接和复杂。别人甚至意识不到你在使用影响力技巧。而这种非直观的、更为微妙的本性赋予影响力一种内在的力量。

拿破仑发动一场战役只需要两周的准备时间,换成别人会需要一年。之所以会有这样的差别,正是因为他那无与伦比的影响力。战败的奥地利人目瞪口呆之余,也不得不称赞这些跨越了阿尔卑斯山的对手:"他们不是人,是会飞行的动物。"

拿破仑在第一次远征意大利的行动中,只用了15天时间就打了6场胜仗,缴获了21面军旗、55门大炮,俘虏15000人,并占领了皮德蒙德。

在拿破仑这次辉煌的胜利之后,一位奥地利将领愤愤地说:"这个年轻的指挥官对战争艺术简直一窍不通,用兵完全不合兵法,他什么都做得出来。"

但拿破仑正是用更多的情商而不是智商让他的士兵跟着他,从一个胜利走向另一个胜利。

一个人的影响力之大,大到可以让很多人为了他冒着放弃可贵生命的危险,足见其个人魅力——影响别人情绪的能力。因此,我们要想增加自己的影响力,一定要有很高的情商,这样才能既控制自己的情绪,还能影响到别人的情绪,从而形成较强的影响力。

传递给别人积极的情绪

心理学家研究表明,在生活当中,人们的情绪可以传染,也就是说,在人际关系中,大部分的人在看到别人表达情感时,往往会激发自己产生出与别人相同的情感,虽然很多的时候,我们并不能意识到这一点,但它确确实实存在。

一天清晨,在一列开往柏林的老式火车的卧铺车厢中,查尔斯和另外4名男士正挤在洗手间里刮胡子。经过了一夜的疲困,隔日清晨通常会有不少人在这个狭窄的地方洗漱一番。此时的人们多半神情漠然,彼此间也不交谈。

就在此刻,突然有一个面带微笑的男人走了进来,他愉快地向大家道早安,却没有人理会他的招呼。之后,当他准备开始刮胡子时,竟然自若地哼起歌来,神情显得十分愉快。男人的这番举止让查尔斯感到很奇怪,于是他用开玩笑的口吻问道:"喂!老兄,你好像很得意的样子,遇到什么好事了?"

"是的,你说得没错。"

男人回答,"正如你所说的,我是很得意,因为我真的觉得很愉快。"然后,他又说道:"我是把使自己觉得幸福这件事,当成一种习惯罢了。"

后来,在洗手间内所有的人都把"我是把使自己觉得幸福这件事,当成一种习惯罢了"这句深富意义的话牢牢地记在心中。

到达柏林后,查尔斯仍然时时想起这句话。他时时警醒自己,要把幸福当成一种习惯,在这种情绪的激励下,他也慢慢变得开心多了。

在上面这个例子中,查尔斯就是受到了那个男人强烈的情绪传染,变成了一个快乐的人。当然我们不能忽视一点,那就是强烈的消极情绪也可以给别人以影响,但是这种影响往往是消极的、不良的。为了使自己成为一个有好的影响力的人,我们一定要注意使自己成为一个传递积极情绪的人。

坚持互惠的原则

人生就像是战场,人与人之间有时候难免会处于互相对立的位置,但是人生毕竟不是战场。从更根本的利益来看,互惠是人类社会永恒的法则,它是各种交易和交往得以存在的基础。坚持互惠的原则往往可以让我们在社会的交往当中利用到更多的资源,获得更多的帮助。

一位心理学教授为了证明互惠原理的巨大作用,就做了一个小小的实验。他在一群素不相识的人中随机抽样,给挑选出来的人寄去了圣诞卡片。虽然他也估计会有一些回音,却没有想到大部分收到卡片的人,都给他回了一张。而其实他们都不认识他啊!

给他回赠卡片的人,也许根本就没有想到过打听一下这个陌生的教授到底是谁。他们收到卡片,自动就回赠了一张。也许他们想,可能自己忘了这个教授是谁了,或者这个教授有什么原因才给自己寄卡片。不管怎样,自己不能欠人家的情,给人家回寄一张,总是没有错的。

这个实验虽小,却证明了在社会生活和人际交往中,互惠定律无时无刻不在发挥着作用。事实上,我们常常都会有类似的体会,如果一个人帮了我们一次忙,我们会时刻记着找机会帮他一次;如果一个人送了我们一件生日礼物,我们也会努力记住他的生日,届时也给他买一件礼品;如果一对夫妇邀请我们参加了一个聚会,我们通常也会记得邀请他们到我们的一个聚会上来……

互惠原则存在于我们生活的各个角落,在不知不觉中影响着我们的决定和行为。

哈佛一位德高望重的教授常对他的学生说:"要想得到我们想要的东西,我们必须给予别人想要的东西,只有这样,我们才能互惠共生,达到双赢。"

他常常在课堂上给学生们讲这样一个故事:

从前,有两个饥饿的人得到了一位长者的恩赐:一根鱼竿和一篓鲜活硕大的鱼。一个人要了一篓鱼,另一个要了一根鱼竿,

于是,他们分道扬镳了。得到鱼的人原地就用干柴搭起篝火煮起了鱼,他狼吞虎咽,还来不及品出鲜鱼的肉香,转瞬间,连鱼带汤就被他吃了个精光,不久,他便饿死在空空的鱼篓旁。另一个人则提着鱼竿继续忍饥挨饿,一步步艰难地向海边走去,可当他已经看到不远处那片蔚蓝色的海洋时,他浑身一点气力也没有了,他也只能眼巴巴地带着无尽的遗憾撒手人寰。

又有两个饥饿的人,他们同样得到了长者恩赐的一根鱼竿和一篓鱼。只是他们并没有各奔东西,而是约定共同去找寻大海,他俩每次只煮一条鱼,他们经过长途跋涉,来到了海边。

从此,两个人开始了捕鱼为生的日子,几年后,他们盖起了房子,有了各自的家庭、子女,有了自己建造的渔船,过上了幸福安康的生活。

从上面的例子我们可以看出来,要想双赢,必须坚持互惠的原则,互惠原则不仅会使我们得到意想不到的好处,在关键的时刻甚至还可以救人一命。

从很多高情商的成功人士身上,我们都可以看到,懂得互惠是一种聪明的生存之道,因此,在与别人的交往过程当中,他们往往很少想着自己,而是经常会为别人付出,因为他们明白,给予别人好处,从某种程度上就是帮助了自己,在某种程度上可提高自己的影响力。这也往往是他们能够最终成功的一个重要原因。因为,在这个崇尚合作的世界里,没有一个人能担当全部,一个人价值的体现往往就维系在与别人互惠的基础之上。

对比影响力

为了影响到别人,很多时候,我们都要运用对比的方法,而对比影响力在实际中的运用也很广。在表演舞台上将光柱照射到主要演员身上,就是为了引起观众的注意;在学校里,教师用白色粉笔在黑板上写字,黑白两色形成极大的反差,从而引起学生的注意;在出租房屋的时候,为了增加客户对房子的满意度,那些推销员总是先领他们去看那些破烂得无法居住的房子等等。在很多时候,运用对比的方法对对方施加影响力可以使对方很快转变想法,从而接受自己的提议。

威尔玛·鲁道夫从小就"与众不同",她在家中22个孩子中排行20。她出生时因早产而险些丧命。4岁时她患了肺炎和猩红热,后来又患了小儿麻痹症,由于左腿不能正常使用,她只能穿着固定腿的金属绷带。童年时候的她不要说像其他孩子那样欢快地跳跃奔跑,就连平常走路都做不到。寸步难行的她非常悲观和忧郁。

随着年龄的增长,她的忧郁和自卑感越来越重,甚至,她拒绝所有人的靠近。但也有例外,邻居家的残疾老人却是她的好伙伴。老人在一场战争中失去了一只胳膊,但他非常乐观,她也喜欢听老人讲故事。

有一天,威尔玛被老人用轮椅推着去附近的一所幼儿园,操场上孩子们动听的歌声吸引了他俩。当一首歌唱完,老人说道:"让我们为他们鼓掌吧!"她吃惊地看着老人,问道:"你只有一只胳膊,怎么鼓掌啊?"老人对她笑了笑,解开衬衣扣子,露出胸膛,用手掌拍起了胸膛……

那天晚上,威尔玛·鲁道夫让父亲写了一张纸条贴在墙上:"一个巴掌也能拍响!"

从那之后,她开始配合医生做运动。无论多么艰难和痛苦,她都咬牙坚持着。有一点进步了,她又要求更大进步。甚至父母不在家时,她自己扔开支架,试着走路……蜕变的痛苦牵扯到筋骨。她坚持着,相信自己能够像其他孩子一样行走、奔跑!

在她16岁仍在上中学的时候,她已经成为一名非常优秀的田径运动员,她代表美国参加了1956年在澳大利亚墨尔本举行的奥运会,她是美国代表队中最年轻的选手,在接力跑 4×100 米接力比赛中获得了一枚铜牌。

1960年,罗马奥运会女子100米决赛,当她以11秒18第一个撞线后,掌声雷动,人们都站起来为她喝彩,齐声欢呼着她的名字:"威尔玛·鲁道夫!威尔玛·鲁道夫!"那一届奥运会上,威尔玛·鲁道夫成为当时世界上跑得最快的女人,她共摘取了3枚金牌,也是第一个黑人奥运女子百米冠军。

可见,对比影响力在人的生活中有很重要的地位,可以让别人感到幸福,增加生活的勇气和快乐。

PART2 与周围的人保持适度距离

让别人喜欢你

我们每个人都生活在社会中，扮演着社会人的角色，人与人之间的交往要想进行得顺利，从表面上看，需要具备各种场合和条件，而从深层来看，是需要交往的双方能够找到共同点，拉近彼此的距离，扫除交往障碍，接下来的事情就会变得容易很多。简而言之，就是如果你想让自己成为一个可以影响别人的人，首先是要成为一个让别人喜欢的人，而这点往往会带来意想不到的效果。

要想尽快成为别人喜欢的人，增加亲密感，增加成功的几率，我们可以试着练习以下的一些交往技巧：

◇与人初次相见，坐在他的旁边较易进入状态。相信每个人都有过这样的经验，那就是与人面对面谈话时，往往会特别紧张。相反的，与人肩并肩谈话，在精神上绝对比面对面谈话要来得轻松。因此与人初次相见,坐在他的旁边往往较容易进入状态。这一点同样适用于与异性约会的时候。

◇尽量制造与对方身体接触的机会,可以缩短彼此间心理的距离。事实上,每个人都拥有一个无形的"自我保护圈"。通常除非是非常亲密的人,否则不容易侵入这个范围。但反过来说,若对方已经侵入了这个圈内,则往往就会产生对方是自己亲密者的错觉。因此,若想在短时间内缩短与刚认识者间的心理距离,最简单的方法就是尽可能地制造与对方身体接触的机会。

◇若与对方有共同点,就算再细微的也要强调。这样就可以很快消除彼此间的陌生感,产生亲近的感觉,不但可以使对方感到轻松,同时也具有使对方说出真心话的作用。

◇常用"我们"这两个字可以拉近彼此间的距离。事实上,我们在听演讲时,对方说"我认为……"带给我们的感受,将远不如他采用"我们……"的说法,因为采用"我们"这种说法,可以让人产生团结意识。

◇每次见面都找一个对方的优点赞美,是拉近彼此间距离的好方法。如果我们每次见面都被人夸赞,自然而然地会想再见到这位赞美我们的人,这是任何人都会有的心理。因此每次见面都找出对方的一个优点来赞美,可以很快地拉近彼此间的距离。

◇闲聊自己曾经失败的事比谈自己成功的事,更易拉近彼此间的距离。人们在一起的时候，常会聊一些话题，来拉近彼此间的距离。此时若谈自己曾经失败过的事，会比谈自己成功的事，更容易拉近彼此间的距离。因为老是炫耀自己成功的光荣事情，容易让人产生反感，留下不好的印象。

◇将与自己关系密切的人名，写在电话记事簿的首页，会让他欣喜万分。每个人对自己都非常敏感，因此一旦发现自己受到与众不同的待遇时，不是感到非常兴奋就是感到非常愤怒。如果将与自己关系密切的人名写在备忘录的首页，往往可以让对方感到高兴，并收到意想不到的效果。

如果我们能够像高情商的人那样，掌握一些基本的交往技巧，我们也会成为让别人喜欢的人，这无疑会增加我们成功的几率。

吸引力法则

哈佛智慧告诉我们：你想要什么，你便会得到什么。我们每个人都是一个活磁铁，我们生命中的财富、成功、幸福、健康都是我们吸引而来的。同样，一个人之所以失败、贫穷，也是因为他内心吸引的结果。这便是"吸引力法则"。

仔细想想，这个法则似乎不合常理——我们每一个人都希望自己拥有健康、富裕的幸福生活,但是事实上并非如此。

那么,我们是不是就可以说,吸引力法则失效了?绝非如此。很多人之所以没有过上他们"希望"的美好生活,主要是因为他们通常并没有专注于拥有这些事物——而是专注在他们没有这些事物上。

有一个很有钱的商人,他精明能干,生意越做越大,拥有世上最大的店铺。尽管富甲一方,他却一直有一个苦恼,那就是他没有办法让自己的儿子快乐起来。看着儿子整天愁眉不展的样子,他十分心疼,于是不惜重金寻找让儿子快乐的办法。商人的奴仆建议他让儿子去很远的地方寻找一位全世界最有智慧的人,或许能学到快乐的秘密。

商人同意了,他给儿子准备好行囊后,就让这个一直被苦闷折磨的少年出发了。少年穿越沙漠,跋涉了40天,终于来到一座盖在山顶上的美丽城堡。那是智者住的地方。

和很多人猜想的一样,这位少年也以为自己将见到一个超凡脱俗、仙风道骨的修道高人,可当他踏进城堡的大厅时,发现里面闹哄哄的,人们进进出出,还有人坐在角落里聊天。智者正在和周围的人闲谈,似乎没有时间搭理这位少年。

少年想了一下，默默地站在角落里，耐心等待。两个小时后，智者终于走到他面前。"我不快乐，而且也觉得没有什么事情值得我快乐。"少年低声说。

"哦，是这样。可是我现在没有时间给你解释快乐的秘密，你还是在我这里四处逛逛，两个小时后我们再谈吧。"智者对少年说，"在这段时间里，我要让你做一件事情。"智者说着，给了少年一个汤勺，上面放上了两滴油。"当你出去逛的时候，一定要注意不要让油流出来。"

"嗯。"少年答应了，他走出了大厅，围着城堡的四周绕了一圈。虽然周围的风景不错，但少年的眼睛丝毫不敢离开那两滴油。两个小时以后，他回大厅找到了智者，将那个汤勺完璧归赵。

"很好。现在我来问你，你出去逛的时候，看见餐厅上挂着的那副壁画了吗？你有没有很细心地看我精心布置的花园？有没有注意到图书馆里有一张漂亮的羊皮纸？"

"没有，你让我注意汤勺里的油，所以我什么也没看到。"少年低沉地回答。

"那你再回去欣赏一下这座城堡吧。"智者说，"你应该多了解这房子的布局，才能更相信他的主人。"

听智者这么一说，少年放松了心情，开始认真的探索这座城堡。他仔细看了天花板，欣赏了壁画，也看过了花园。他发现，这里真是一个不错的地方。等到再回到智者的身边时，他将自己所看到的一切都绘声绘色地描述了出来，话语间充满了羡慕和钦佩之情。

"很好。这就是你想知道的快乐的秘诀。"智者说:"当你把焦点放在汤勺里的油时,你就看不到周围美好的事物。可是,当你把心灵的焦点放在周围的景物的时候,你就会发现很多美好的事物。快乐也是如此,当你关注在一些能够让你高兴的事情时,你就不会觉得难过,相反的,你就会一直苦闷下去。"

这从另外一个角度阐释了吸引力法则的正确性——"关注什么便吸引什么"。如果你能专注于自己如何获得健康,如何获得财富,如何快乐地生活,那么你的生活将会充满希望。

如果你渴望获得什么,那么请你首先想象一下获得它之后的感受,这是你吸引它的唯一途径。然后,你要让自己相信,你一定能拥有这一切,你也值得拥有这一切。最后,你要时刻都专注于上述积极的想法和感受。

思想决定现实,一个人想什么,他就会做什么,最后他就会得到什么。"吸引力法则"强调个人的主观能动性,特别是强调人的思想和信念对事件结果拥有决定性的影响。它告诉我们要牢记"心在哪里,宝藏就在哪里"。

微笑,心灵的召唤

加利福尼亚大学心理学教授詹姆斯说,微笑永远有魅力。这是有科学依据的:当你在微笑时,你的精神状态最为轻松,全身的肌肉都处于松弛状态,而且,你的心理状态也相对稳定,当你那充满笑意的目光与别人的目光相遇时,你的笑意会通过这道"无形的眼桥"传递给他,他会被你的快乐情绪所感染。自然而然地,你们之间的气氛会变得和谐。你们相处得融洽,交流起来也容易多了。反过来如果你老是皱着眉头,挂着一副苦瓜脸,那没有人会欢迎你的:想获得交往的乐趣,首先就必须使对方和自己快乐才行。

微笑作为一种表情,它不仅是形象的外在表现,而且也往往反映着人的内在精神状态。一个奋发进取、乐观向上的人,一个对本职工作充满热情的人,总是微笑着面对生活、面对社会的。在交际中,微笑的魅力是无穷的。它就像巨大的磁铁吸片一样,吸引着你周围的人们,甚至会因此改变你的生活。

纽约股票场外经纪人瓦利安·史达哈德就有一段"微笑改变生活"的经历:

"我结婚已 18 年了,在家中,我应该算得上是世界上最难伺候的丈夫了吧,因为我从没有对妻子展露过笑容。为了完成关于笑的试验,我决定试着笑一个礼拜看看。就在隔天的早上,我边整理头发,边对镜中板着脸孔的自己说:'比尔,今天收起不愉快的表情,赶快笑一下吧!'早餐的时候,我就一边对太太说早安,一边对她微微一笑。

"我太太非常吃惊。事实上,不但如此,她简直是深受震撼。从此我每天都那样做。到目前为止,已经持续了两个月。

"态度改变以来的这两个月,那种前所未有的幸福感,使我们的家庭生活十分愉快。

"现在，每天走入电梯我会对服务生微笑道早安，对守卫先生也以微笑招呼，在地铁窗口找零钱也是这么做的。即使在交易所，对那些没看过我笑脸的人，也都报以微笑。

"不久我发现，大家也都还我一笑，而对于那些有所不满、烦忧的人，我也以愉快的态度与其相处。在带着微笑倾听他们的牢骚后，问题的解决也变得容易多了。而且笑容也能使人增加很多财富。

"我也不再责备人，相反的懂得去褒扬别人；绝口不提自己所要的，而时时站在别人的立场体贴人。正因为如此，生活上也整个发生了变化。现在的我和以前的我完全不同，是一个收入增加、交友顺利的人了。我想，作为一个人，没有比这更幸福的了。"

微笑不仅仅是一个简单的面部表情，它还是一种积极的生活态度。

哈佛学子不一定是智商最高的人，但他们多半是在困境中还能保持微笑，并一直笑到最后的人。在平凡的生活中，一抹微笑就是一道阳光，它不仅能够照亮自我阴暗的心空，还能照亮我们前行的道路，并给周围的人以希望和信心。

从这个意义来说，我们要向哈佛学子学习：无论我们周围的世界多么令人痛苦不堪，无论我们心灵的天空如何阴霾密布，我们都应当微笑。如果我们一开始不善于微笑，那么我们现在就要学着微笑。

按照已故的哈佛大学教授威廉·詹姆斯的说法："行动似乎是跟随在感觉后面，但实际上行动和感觉是几乎平行的。而控制行动就能控制感觉。"因此，如果我们不愉快的话，要使自己愉快起来的积极方式就是：使自己微笑，慢慢地，我们就会真的开心起来。

赞美的影响力

哈佛告诉学生：赞美是人际交往中最好的润滑剂。

幽默作家马克·吐温说：一句赞美可以支撑我活两个月。美国总统罗斯福有一种本领，对任何人都能给予恰当的赞美。

林肯也是善于使用赞美的高手。韦伯这样评价林肯："拣出一件足以使人自矜并引起兴趣的事情，再说一些真诚又能满足他自矜和兴趣的话，这是林肯日常必有的作为。"

人类最渴望的就是精神上的满足——被了解、被肯定和被赏识。对我们来说，赞美就如同温暖的阳光，缺少阳光，花朵就无法开放。

赞美别人是给予的过程。许多人总是记得，在沮丧、绝望、萎靡不振时，别人的赞美曾经给予过他们多么大的快乐，多大的帮助。不管是多么冷漠的人，对于赞美和认可也很少设防，往往一句简单又看似无心的赞美，一个认可的表情就是良好关系的开端，人与人的距离由此拉近。

赞美不仅会提升被赞美者的自信心，增加他们生活的勇气，还可以使赞美者受益。在人际交往中，约翰·洛克菲勒就善于真诚赞美他人，以此来维系良好的人际关系，使对方为自己更努力地工作。

一次，洛克菲勒的一个合伙人爱德华·贝德福特，在南美的一次生意中，使公司损失了100万美元。然后，贝德福特丧气地回来见洛克菲勒，洛克菲勒本可以指责他的过失，但是他并没有这样做，他知道贝德福特已经尽力了，更何况事情已经发生了，并不能因此而把他的功劳全部抹杀，于是洛克菲勒另外寻找一些话题来称赞贝德福特，他把贝德福特叫到自己的办公室，对他说：

"这太好了，你不仅节省了60%的投资金融，而且也为我们敲了一个警钟。我们一直都在努力，并且取得了几乎所有的成功，还没有尝到失败的滋味。这样也好，我们可以更好地发现自己的错误和缺点，争取更大的胜利。更何况，我们也并不能总是处在事业的巅峰时期。"

洛克菲勒的几句话，把贝德福特夸得心花怒放，并下决心下次一定要好好注意，不再犯类似的错误。

可见，学会真诚地赞美别人是多么的重要。学会赞美别人不但符合时代的要求，还是衡量现代人素质和交际水平的一个重要标准。但是赞美不是奉承，也不是毫无来由的乱夸，而是要讲求一定的技巧：

◇借别人之口转达赞美。

◇赞美要真诚、公正。

◇赞美要得体。

◇赞美要及时而不失时机。

◇寻找对方最希望被赞美的内容。

◇赞美要从细节着手，忌俗套、空洞。

如果我们每个人都会发自内心地赞美别的长处，反省自己的不足，无疑会使我们自己在人格上变得更完善，也更易得到别人的认可和欢迎。学会真诚地赞美别人还是修养性情的需要，它有助于我们达到更高的人生境界。

PART3 展现你的自信

自信的人才有魅力

通常会有这样的情况：一个人可以毫不费力、轻而易举地得到某个职位；而另一个人，虽然可能更有才能，但或许费了九牛二虎之力依旧是徒劳无功。这是为什么呢？如果我们愿意停下来，好好地想一想，调查一番，我们往往会发现，那个成功获得职位的人往往有着更强的自信，这种自信以一种潜意识的形式改变着别人对他的看法、态度和信念，没有人能够抗拒它，因为它来得悄无声息，等你察觉时，早已经被它俘虏。

高尔基曾经说过，人类已经千百次地证明，一个人想成为怎样的人，就能成为怎样的人。"人生是为成功，不是为失败。"美国哲学家亨利·戴维·梭罗说，"自信是成功的第一秘诀。"

上面名人们的那些话从不同侧面表达了自信的重要性，自信不仅仅是面对生活和困境时的态度，它还体现在当自信的人受到质疑时，他们那种胸有成竹的表现。

他是英国一位年轻的建筑设计师，很幸运地被邀请参加了温泽市政府大厅的设计。

他运用工程力学的知识并根据自己的经验，很巧妙地设计了只用一根柱子支撑大厅天顶的方案。

一年后，市政府请权威人士进行验收时，对他设计的一根支柱提出了异议。他们认为，用一根柱子支撑天花板太危险了，要求他再多加几根柱子。

年轻的设计师十分自信，他说："只要用一根柱子便足以保证大厅的稳固。"他通过精细的计算和列举相关实例加以说明，拒绝了工程验收专家的建议。

他的固执惹恼了市政官员，年轻的设计师因此险些被送上法庭。

在迫不得已的情况下，他只好在大厅四周增加了4根柱子。不过，这四根柱子全部都没有接触天花板，其间相隔了无法察觉的两毫米。

时光如梭，岁月更迭，一晃就是300年。

300年的时间里，市政官员换了一批又一批，市政府大厅坚固如初。直到20世纪后期，市政府准备修缮大厅的天顶时，才发现了这个秘密。

消息传出，世界各国的建筑师和游客慕名前来，观赏这几根神奇的柱子，并把这个市政大厅称作"嘲笑无知的建筑"。最为人们称奇的,是这位建筑师当年刻在中央圆柱顶端的一行字:自信和真理只需要一根支柱。

这位年轻的设计师就是克里斯托·莱伊恩,一个很陌生的名字。如今,能够找到有关他的资料实在微乎其微了,但在仅存的一点资料中,记录了他当时说过的一句话:"我很自信。至少100年后,当你们面对这根柱子时,只能哑口无言,甚至瞠目结舌。我要说明的是,你们看到的不是什么奇迹,而是我对自信的一点坚持。"

哈佛教育学生,要有自信,因为有自信的人,才最有希望冲向成功的终点。西班牙作家塞万提斯认为:"丧失财富的人损失很大,可是丧失信心的人什么都完了。"有自信往往表现为一种自我肯定、自我鼓励、自我强化,坚定自己一定能成功。没有自信,就谈不上热爱生活,谈不上有探索拼搏的勇气和力量。自信是人生不竭的动力,它能帮你战胜自卑和恐惧。只有自信的人,才能让别人也信赖你。

因此,我们也要树立自己的自信心,用足够的勇气面对生活,展现自己的个人魅力。

机会是靠自信抓住的

自信是一个人成功的开始。自信的人相信自己,并会为此付出不懈的努力。哈佛的教育启示我们,你可以仰慕别人,但是绝对不能忽略了自己;你可以相信别人,但最应该相信的人就是你

自己。每个人都是自己成功人生的缔造者。在一个人的一生中，能力并不是决定成败的关键因素。只有内心相信自己很优秀，才能够走出成功人生的第一步。所以，哈佛的学子们从迈入哈佛校园的那一天起，他们就把自己当成了未来的冠军，也正是因为这份信心，使他们在人生的道路上把握住了一次又一次的机会。

像哈佛学子那样，许多成功的人士，往往也是那些相信自己的人，他们因为相信自己，所以才能把握一切机会。

哈佛医学院的一位著名教授曾遇到过一个名叫威尔逊的人。威尔逊在创业之初，全部家当只有一台分期付款赊来的爆米花机，价值50美元。第二次世界大战结束后，威尔逊做生意赚了点钱，便决定从事地皮生意。如果说这是威尔逊的成功目标，那么，这一目标的确定，就是基于他对自己的市场需求预测充满信心。当时，在美国从事地皮生意的人并不多，因为战后人们一般都比较穷，买地皮修房子、建商店、盖厂房的人很少，地皮的价格也很低。当亲朋好友听说威尔逊要做地皮生意时，异口同声地反对。

而威尔逊却坚持己见，他认为反对他的人目光短浅。他认为虽然连年的战争使美国的经济很不景气，但美国是战胜国，它的经济会很快进入大发展时期。到那时买地皮的人一定会增多，地皮的价格会暴涨。

于是，威尔逊用手头的全部资金再加一部分贷款在市郊买下很大的一片荒地。这片土地由于地势低洼，不适宜耕种，所以很少有人问津。可是威尔逊亲自观察了以后,还是决定买下这片土地。他的预测是:美国经济会很快繁荣,城市人口会日益增多,市区将会不断扩大,必然向郊区延伸。在不远的将来,这片土地一定会变成黄金地段。

后来的事实正如威尔逊所料。不出3年,城市人口剧增,市区迅速发展,大马路一直修到威尔逊买的土地的边上。这时,人们才发现,这片土地周围风景宜人,是人们夏日避暑的好地方。于是,这片土地价格倍增,许多商人竞相出高价购买,但威尔逊不为眼前的利益所惑,他还有更长远的打算。后来,威尔逊在自己这片土地上盖起了一座汽车旅馆,命名为"假日旅馆"。由于它的地理位置好,舒适方便,开业后,顾客盈门,生意非常兴隆。从此以后,威尔逊的生意越做越大,他的假日旅馆逐步遍及世界各地。

由此可见只有自信的人才能把握住机会,才有勇气做出别人想都不敢想的事情。很多情商高的人也都像威尔逊那样是充满自信的人。

自信是引导生命的一盏明灯,一个人没有自信,只能脆弱地活着,甚至会把到手的机会让给别人;而自信的人往往因为他们自信的惊人力量,从而把握住一个又一个的机会,并走向成功。

自信源于积极的心理暗示

哈佛告诉学生，自信源于积极的心理暗示，为了使自己变得自信，必须时不时地激励自己，给自己打气。

事实确实如此，心理学研究表明，当你在潜意识中制造消极的观念后，潜意识便会将制造过的此类错误想法，不分时候地任意归还于你，因此在你的思考过程中，极可能会被误导。

而自信也是一种心理暗示，只不过它是一种积极的心理暗示。也就是说，如果你在脑海中不断培养积极的想法，久而久之，潜意识也会不自觉地用这些积极的想法影响你的思维和行为。

看来一个人最大的敌人是自己，胜利属于那些在失败时不断地为自己打气，对自己说"我能行"的人。

无论在培养这种积极想法之初，你的信心是多么微小，只要持续保持这种想法，每天对自己说"我能行！"你必能获得成功。

自信是成功的秘诀

哈佛告诉学生：坚信自己能够成功往往是成功的最深层动力，这种动力甚至可以让宇宙为你创造条件，助你成功。

一个人成功的因素有很多，而居于这些因素之首的就是相信自己，相信自己已经得到。只有坚定这样一个信念的人才能对梦想发出足够大力量的召唤，让整个宇宙感受到你对它的要求。20世纪最伟大的心灵导师戴尔·卡耐基在全美国的多次演讲中都曾经提及过这一点,并把他所说的话应用在自己的生活中。可以说,卡耐基的成功也归功于他的自信和对梦想的坚定。

美国作家罗伯特·克里尔曾经说过:"要当做你已经拥有自己所想要的事物,知道它将会在你需要的时候到来。然后,接受它的到来。不要为它感到焦虑、担忧,不要去想你缺少它。想想它是你的、它属于你、它已经为你所有"。如果能用成功的姿态面对整个宇宙,那么整个宇宙就会感应到你的信号,引领你迈向成功之路。

其实,这就像我们去寻找思路一样。成功只属于那些肯于挖掘的人,只属于相信自己能够实现梦想、并在心中早已构筑好理想画面的人。只要你抱着积极的心态去不断激荡心灵的宝藏,你就会有用不完的能量,你的思路也会不断扩展,从而引领自己走向成功。

让自信成为一种习惯

哈佛告诉学生:自信也可以成为一种习惯,只要你不断坚定你的自信心,久而久之,它就可能成为你生活中的一个良好习惯,而这种习惯一旦养成,必然会使你受益终生。

当我们看到那些在电视中、讲台上侃侃而谈、风度翩翩又不失幽默的人时,不禁要问:真的会有一些人是天生的强者,他们来到这个世界上的时候就带着自信吗?答案当然是否定的,如果说那些成功人士比我们多拥有一些什么的话,那就是良好的自信

习惯。

美国第40届总统——罗纳德·里根就是一个有着良好自信习惯的人。

从22岁到54岁，罗纳德·里根从电台体育播音员到好莱坞电影明星，整个青年到中年的岁月他都陷在文艺圈内，对于政坛完全是陌生的，更没有什么经验可谈。这一现实，几乎成为里根涉足政坛的一大拦路虎。

然而，当机会来临，共和党内保守派和一些富豪竭力怂恿他竞选加州州长时，里根毅然决定放弃大半辈子赖以为生的影视职业，决心开辟人生的新领域。对于任何人来说，这可能都是一个非常艰难的决定，但面对这种状况，里根满怀信心，觉得自己一定可以干得很好，这是因为他有着良好的自信习惯，下面的两件事可以很清楚地说明这一点。

一是当他受聘担任通用电气公司的电视节目主持人时，虽然这个任务艰巨，但他对自己充满着信心。为办好这个遍布全美各地的大型联合企业的电视节目，通过电视宣传、改变普遍存在的生产情绪低落的状况，里根花大量时间蹲守在各个分厂，同工人和管理人员广泛接触。这使得他有大量机会认识社会各界人士，全面了解社会的政治、经济情况。人们什么话都对他说，从工厂生产、职工收入、社会福利到政府与企业的关系、税收政策等。

里根把这些话题吸收消化后，并通过节目主持人身份反映出来，立刻引起了强烈的共鸣。这一次，使他赢得了民众的大力支持。

另一件事发生在他加入共和党后，为帮助保守派头目竞选议员，募集资金，他利用演员身份在电视上发表了一篇题为《可供选择的时代》的演讲，在他自信满满的演讲中，大家看到他是一个具有远大抱负的人，演讲大获成功，立即募集了100万美元，以后又陆续收到不少捐款，总数达600万美元。《纽约时报》称之为美国竞选史上筹款最多的一次演说。

以前只是一个演员的里根，竟然一夜之间成为共和党保守派心目中的代言人，这不得不说，他的自信为他加了不少分。

也正是里根在处理事情时所显示出来的自信，最终赢得了民众的好感和支持，使他最终打败了竞争对手，成为美国的总统。

成功和幸福的全部奥秘其实就在于坚信我们会成为理想中的人物，就在于坚信我们能使自己努力从事的事情获得成功，就在于我们所养成的良好的自信习惯。

正如英国的罗伯特·希里尔所说的："对自己有信心，是所有信心当中最重要的部分。缺少了它，整个生命都会瘫痪。"而如果我们能使自信成为一种良好的习惯，那么我们的生命将会充满着更多的生机和活力。